Thorsten Hahn

Networking

Folgende Titel sind bisher in der Financial Times Deutschland Bibliothek erschienen:

Bernard Baumohl
Die Geheimnisse der Wirtschafts-
indikatoren

Jean-Louis Bravard / Robert Morgan
Intelligentes und erfolgreiches
Outsourcing

Michael Brückner
Uhren als Kapitalanlage

Michael Brückner
Megamarkt Luxus

Rolf Elgeti ˋ
Der kommende Immobilienmarkt
in Deutschland

Hans Joachim Fuchs
Die China AG

Charles R. Geisst
Die Geschichte der Wall Street

Adrian Gostick / Chester Elton
Zuckerbrot statt Peitsche

Robert L. Heilbroner
Die Denker der Wirtschaft

Leander Kahney
Steve Jobs' kleines Weißbuch

Steffen Klusmann
101 Haudegen der deutschen
Wirtschaft

Steffen Klusmann
Töchter der deutschen Wirtschaft

Dr. Karin Kneissl
Der Energiepoker

Jeffrey A. Krames
Peter Druckers kleines Weißbuch

Jeffrey K. Liker
Der Toyota Weg

Jeffrey K. Liker / David P. Meier
Praxisbuch „Der Toyota Weg"

Jeffrey K. Liker / David P. Meier
Toyota Talent

Carolin Lüdemann
Business mit Stil

Paul Millier
Auf dem Prüfstand

Geoffrey A. Moore
Darwins Erben

Howard Moskowitz / Alex Gofman
Selling Blue Elephants

Peter Navarro
Das komplette Wissen der MBAs

Daniel Nissanoff
FutureShop

J. Porras, S. Emery, M. Thompson
Der Weg zum Erfolg

Joachim Schwass
Wachstumsstrategien für
Familienunternehmen

www.finanzbuchverlag.de/ftd

Thorsten Hahn

77 Irrtümer des Networkings ...

... erfolgreich vermeiden

So bauen Sie Kontakte auf,
die Sie weiterbringen

FinanzBuch Verlag

Bibliografische Information der Deutschen Nationalbibliothek:
Die Deutsche Nationalbibliothek verzeichnet diese Publikation in der Deutschen National-
bibliografie; detaillierte bibliografische Datensind im Internet über http://d-nb.de abrufbar.

Abbildungen: Thorsten Hahn, www.istockphoto.com
Lektorat und Korrektorat: Susanne Heinrich
Layout und Satz: Druckerei Joh. Walch, Augsburg
Druck: GGP Media GmbH, Pößneck

THORSTEN HAHN · 77 IRRTÜMER DES NETWORKINGS ...
ERFOLGREICH VERMEIDEN
1. Auflage 2009
© 2009 FinanzBuch Verlag GmbH
Nymphenburger Straße 86
80636 München
Tel.: 089 651285-0
Fax: 089 652096

Für Fragen und Anregungen:
hahn@finanzbuchverlag.de

978-3-89879-460-2

Weitere Infos zum Thema

www.finanzbuchverlag.de
Gerne übersenden wir Ihnen unser aktuelles Verlagsprogramm.

Inhalt

Mein kleinstes Netzwerk

Mein kleinstes Netzwerk besteht aus genau 3 Personen: meiner Frau, meiner Tochter und mir. Und diesem kleinen Netzwerk möchte ich an dieser Stelle für die Energie danken, die Ihr mir beim Aufbau eines Branchennetzwerkes und dieses Buches gegeben habt.

Mein größtes Netzwerk

Mein größtes Netzwerk besteht aus all den Menschen, die ich in den letzten Jahren kennengelernt habe, aus all den Mitgliedern der Netzwerke, denen ich angehöre. Das sind die Mitschüler aus meinem Abijahrgang ebenso wie meine Studienkollegen, Ex-Kollegen und all jene, mit denen ich mich in den letzten Jahren ausgetauscht habe. Ohne dieses Netzwerk und die Geschichten, die sich daraus ergeben haben, wäre das Buch nicht zu schreiben gewesen. Auch die Interviewpartner sind das Ergebnis eines funktionierenden Netzwerkes. Allen, die dazu beigetragen haben, möchte ich hier an dieser Stelle danken.

Netzwerken funktioniert!

Vorwort

von Lars Hinrichs

Bereits mit dem Beginn und den ersten Erfolgsnachrichten meines damals gegründeten Business-Netzwerkes openBC (heute XING) erhielten wir etliche Anfragen von Autoren, ein Buch mit uns gemeinsam über das Netzwerk openBC zu schreiben. Auch Thorsten Hahn war damals dabei und erhielt wie die meisten eine Absage.

Heute gibt es einige Bücher über unser Netzwerk und das schmeichelt mir als Gründer natürlich sehr. Dennoch ist einer der Vorteile von XING die Achillesferse des einen oder anderen Buches mit einem Schwerpunkt auf dem Netzwerk und dessen Software und Bedienung: Wir sind eine dynamische Firma und passen unser Netzwerk permanent den neuen Erfordernissen an. Das richtige Buch über XING müsste als Loseblattsammlung mit 30-tägiger Nachlieferung gedruckt werden.

Dieses vorliegende Buch nun nennt zwar auch hin und wieder in diversen Beispielen das Business-Netzwerk XING, verzichtet aber zu Recht auf Sceenshots und genaue Beschreibungen. Zudem kommen auch andere Netzwerke nicht zu kurz.

An anderer Stelle habe ich ja bereits gesagt, dass in Zukunft viele User mindestens ein Business- und ein eher privatorientiertes Netzwerk nutzen werden. Ein Netzwerk wie Facebook werden die User nutzen, um sich mit ihren privaten Kontakten zu verknüpfen und weil sie Ihre Urlaubsfotos nicht mit ihren Geschäftskontakten austauschen wollen. Ein Business-Netzwerk brauchen die User vor allem deshalb, weil sie über ihren privaten Kreis Kontakte aufbauen möchten, die sie noch nicht kennen, aber kennenlernen wollen.

11

Was aber macht dieses Buch besonders wertvoll? Es ist die Tatsache, dass sich dieses Buch mit Networking im Allgemeinen beschäftigt und nicht mit Internet-Communities im Speziellen. Als ich damals die Idee für openBC im Kopf hatte, da hatte ich mein reales Offline-Netzwerk im Sinn, mein Netzwerk von Freunden und Bekannten, die ich nicht aus den Augen verlieren wollte. Mir und den Mitgliedern der unterschiedlichsten Netzwerke, von denen ich ein Teil war, und meinen Kontakten wollte ich eine Plattform bieten, die unsere Netzwerke sichtbar macht. XING sollte genau diese Kontakte untereinander sichtbar machen. Vor allem den so wertvollen Kontakt 2. Grades, also den Kontakt, den ich über einen meiner persönlichen Kontakte kennenlernen könnte. Genau hier im Kontaktnetzwerk des 2. Grades liegt das enorme und teilweise unterschätze wirtschaftliche Potenzial von Netzwerken.

Das Internet macht Netzwerke sichtbar und bietet sich als exzellenter Dienstleister für Netzwerker an. Networking selber findet jedoch im Ergebnis zwischen den einzelnen Akteuren statt. Am sinnvollsten live! Und genau dieses Networking, die Chancen, die darin für viele noch verborgen scheinen, die Möglichkeiten, die sich durch geschicktes Networking für Beruf und Karriere, aber auch für wirtschaftlichen Erfolg ergeben, genau jenes Networking beschreibt dieses Buch in vielen Facetten. Gut, im Grunde beschreibt das Buch mit diesen 77 Irrtümern ja genau das Gegenteil. Aber ich bin sicher, dem Leser gelingt das, was der Autor erreichen will: die andere Seite der Medaille zu sehen. Auf der einen Seite der Irrtum, auf der anderen Seite die Chance, es genau anders zu machen. Zudem gibt Thorsten Hahn genügend Tipps mit auf den Weg, die zeigen, dass er sich schon sehr lange und intensiv mit Networking beschäftigt.

Keine Frage, ich freue mich natürlich besonders, dass der Autor auch eines unserer aktivsten Mitglieder bei XING ist. Niemand hat weltweit mehr Kontakte bei XING als er und ich muss zugeben, ganz geheuer war mir das am Anfang nicht. Lernt man ihn jedoch kennen, so zeigt sich schnell, dass er alles andere als ein schnöder Kontaktsammler ist. Er kommuniziert über die Gruppe BANKINGCLUB-ONLINE mit seinen Kontakten und den Mitgliedern, verknüpft seine Kontakte untereinander und organisiert für „seine" Zielgruppe der Banker reale Netzwerktreffen. Er hat sein Unternehmen im Grunde damals mit oder auf der Plattform openBC gegründet. Sein Ziel war es damals, Online- und Offline-Networking für Banker zu kombinieren. Machen Sie sich gerne selbst ein Bild davon, was und wie er es geschafft hat.

Wenn ich einen Irrtum zu diesem Buch beisteuern kann, dann ist es mein persönlicher Irrtum, dass mit XING das Networking komplett ins Internet verlagert wird. Damals bei Gründung habe ich das gewaltige Verlangen der Mitglieder, sich auch live zu vernetzen, völlig unterschätzt. So haben die Mitglieder bei XING alleine im Jahr 2008 über 90.000 Events über die Plattform organisiert und heute finden bereits eine Vielzahl von offiziellen XING-Events statt, die das Offline-Networking ermöglichen.

Nun wünsche ich Ihnen viel Spaß bei der Lektüre und beim Networking. Gehen Sie offen an die Irrtümer ran. Lassen Sie die Anregungen ruhig mal zu und probieren Sie die Tipps online und offline aus. Sie wissen ja, Fehler zu machen ist völlig OK – Sie dürfen nur den gleichen Fehler nicht zweimal machen!

Ihr Lars Hinrichs
Gründer und Aufsichtsratsvorsitzender der XING AG

Einleitung

Definition Netzwerk:

Ein Netzwerk ist ein Verbund von mindestens zwei Rechnern bzw. Rechnergruppen zum Zweck des Datenaustausches bzw. der Zusammenarbeit.

Quelle: www.it-academy.cc

Überträgt man diese Definition auf soziale Netzwerke, dann beginnt ein Netzwerk schon bei zwei Personen, die zusammenarbeiten oder die Zusammenarbeit planen.

Noch ein Buch über Networking?

Ja!

Diesmal geht es nicht speziell um eine bestimmte Netzwerkplattform im Internet, in welcher sich Businessmenschen, Studenten oder Hundebesitzer virtuell treffen. Es geht im Kern aber auch nicht um tradierte beinahe angestaubte Netzwerke, welche am Eingang bestimmter Hotels oder Restaurants mit Messingtafeln auf sich aufmerksam machen. Netzwerke also, in denen sich die Mitglieder noch live, also real im echten Leben treffen. Es geht in diesem Buch nicht speziell um Online-Netzwerke, die mit StudiVZ, XING oder wer-kennt-wen.de mittlerweile sogar hier in Deutschland ein Millionenpublikum anziehen. Es geht aber auch nicht um das Gegenteil dieser virtuellen Netzwerke, also die Netzwerke, in denen sich die Mitglieder noch persönlich kennen und an real stattfindenden Netzwerktreffen teilnehmen, in der heutigen Web-2.0-Internet-Welt übrigens gerne als Offline-Events bezeichnet.

Es geht um den allgemeinen Hype rund um das Thema Networking, der keiner ist. Es geht um etwas Neues, was nichts Neues ist. Es geht um Altes und Bewährtes und um Neues und Modernes. Es geht um Online und Offline, um alt und neu und modern und tradiert.

Im Kern geht es geht um die Kombination von all dem.

Dieses Buch will mit den aufkeimenden Binsenweisheiten über das Networking brechen.

Networking ist so alt wie die Menschheit selbst, denn schon immer war es wichtig, neben dem Familien-Netzwerk weitere soziale und wirtschaftliche Netze zu knüpfen.

Networking ist wichtig, denn in jeder Lebens- oder Berufsphase können uns gute Kontakte einen kleinen und manchmal sogar einen riesigen Schritt weiter nach vorne bringen.

Sozusagen Kontakt für Kontakt näher ans Ziel.

Bereits an diesen Zeilen können Sie ablesen, dass ich kein anerkannter Gegner des Networking bin. Auch wenn ich es geschafft habe, 77 Irrtümer über Networking zu sammeln, zu erleben, zu beobachten und schlussendlich zu Papier zu bringen.

Getreu dem Motto, dass jede Medaille bekanntlich zwei Seiten hat, so hat jeder Irrtum auf seiner Kehrseite auch eine Chance. Ergreifen Sie diese für sich! Lassen Sie sich auf die Hinweise und Tipps für Ihre persönliche Networking-Strategie ein. In jedem Kapitel sind einige davon manchmal offensichtlich und manchmal zwischen den Zeilen zu finden.

Sie finden aber bestimmt auch Banales und Einfaches in den Kapiteln, Dinge, die Sie schon längst genauso machen oder Dinge, die Sie schon mal so gemacht haben. Heute aber haben Sie eine komplizierte Formel gefunden, um sich beim Networking das Leben schwer zu machen. Es sind die banalen und einfachen Dinge im Leben, die oftmals den Erfolg ausmachen. Fühlen Sie sich gerne bei dem einen oder anderen Irrtum darin bestätigt, Kompliziertes über Bord zu schmeißen oder erst gar nicht damit zu beginnen. Mehr als einmal haben mir schon Teilnehmer meiner Vorträge gesagt, dass sie meine Ideen bisher ähnlich sahen, es dann aber doch anders gemacht haben, weil sie von einigen vermeintlichen Netzwerkprofis auf die falsche Fährte gelockt wurden. Nochmal, Networking ist im Wesentlichen ganz einfach. Aber wie bei vielen Dingen besteht immer die Gefahr, es kompliziert zu machen.

Nutzen Sie Netzwerke und den aktuellen Trend dafür, sich durch das Internet sichtbar und greifbar zu machen. Auch wenn dieses Buch keine Anleitung für Internet-Networking und die vielen Social Communities sein will, so will ich Ihnen auch nicht den Blick auf den aktuellen Trend verbauen.

Communities und deren Nutzung wachsen derzeit wie Schaum!

Laut Nielsen betrug die Verweildauer der User bei Facebook im April 2009 um die 13.872.640.000 Minuten, also über 231 Millionen Stunden bzw. 9,6 Millionen Tage. Das Wachstum gegenüber dem Vorjahresmonat, also April 2008, betrug dabei satte 699 Prozent! Facebook schaffte es zudem bereits im Januar 2009, das bis dahin führende Netzwerk MySpace vom Thron bei den monatlichen Besuchern zu stoßen. Mit 1,2 Milliarden Visits lag Facebook 400 Millionen Visits über MySpace.

Die Autorin Charlene Li mutmaßte bereits im Januar 2008 in einer Präsentation: „Social networks will be like air." Und egal, ob sie damit ausdrücken wollte, dass soziale Netzwerke im Internet der Zukunft allgegenwärtig sein werden oder wir diese Netzwerke brauchen wie die Luft zum Atmen. Wer immer noch glaubt, es handelt sich bei Internet-Communities um einen kurzfristigen Hype für Teenager, dem ist nicht mehr zu helfen, denn bereits heute gehören Social Communities zu den wichtigsten „Funktionen" des Internets. Waren es 1995 noch eher Datenbanken mit Informationen, die wir im Netz genutzt haben und Anfang 2000 Expertenportale und Content-Management-Systeme, so konzentriert sich die Nutzung heute auf Social Software, Weblogs und Collaboration Tools.

Egal, in welcher Situation Sie sich derzeit befinden, für jede Situation gibt es nutzenbringende Netzwerke. Dies gilt sowohl für das Internet als auch für die reale Welt. In das wichtigste Netzwerk sind Sie bereits hineingeboren worden. Und selbst dazu finden Sie bereits mehrere Internet-Plattformen, welche Ihnen helfen, Ihr Familien-Netzwerk sichtbar zu machen oder gar Teile davon wieder ausfindig zu machen. So gelang es einer Mutter, ihren damals 3-jährigen Sohn, der vom Vater nach Ungarn „verschleppt" wurde, 27 Jahre später wieder aufzuspüren. Er war Mitglied bei Facebook.

Am Ende des Buches habe ich ein paar Netzwerke aufgeführt, online und offline und ohne Anspruch auf Vollständigkeit. Eine Empfehlung, welches Netzwerk gerade für Sie das passende ist, will und kann dieses Buch bei der aktuellen Dynamik nicht geben. Beinahe jeden Tag findet ein pfiffiger Gründer eine Zielgruppe, für die es noch kein virtuelles Internet-Netzwerk gibt, und schon hat die Webwelt wieder ein neues Community-Portal. Zudem entdeckt die etwas jüngere Generation auch das Offline-Networking wieder. Und so entstehen gerade auch wieder einige reale Business-Netzwerke, ganz so wie damals im Jahre 1905, als der erste Rotary Club of Chicago, gegründet wurde.

Für den Umgang mit diesen Netzen will und kann dieses Buch garantiert viele wertvolle Hinweise liefern. Also lassen Sie sich drauf ein.

Achtung: Web 2.0 – Das Mitmach-Web!

Sie haben auch einen Networking-Irrtum erlebt? Irrtum Nr. 78? Wenn Sie möchten, teilen Sie mir diesen doch mit. Auf www.77irrtuemer.de finden Sie die Möglichkeit, weitere erlebte Irrtümer zu publizieren und mit anderen Lesern zu diskutieren. Dort finden Sie auch meine Kontaktdaten. Ich freue mich auf Ihr Feedback.

Viel Erfolg beim Networking und viel Spaß bei der Lektüre wünscht Ihnen

Ihr
Thorsten Hahn

Kapitel 1

Aller Anfang ist schwer

Irrtum Nr. 01:
Networking ist ganz leicht

Im Grunde schon, aber ...

Es ist ein großer Irrtum anzunehmen, dass Networking etwas ganz Leichtes, gar Banales ist. Bereits in der Einleitung stand zu lesen, dass Networking etwas Altes und Bewährtes ist, und dennoch bedeutet dies nicht gleichzeitig, dass die Fähigkeit zum Networking jedem Menschen, quasi bei Geburt, in seine DNA eingebaut wird.

Das führt dazu, dass es drei Gruppen von Networkern gibt.

1. Gruppe: Jene, die es **meiden**
2. Gruppe: Jene, die es zu beherrschen **glauben**
3. Gruppe: Und jene, die es tatsächlich **beherrschen.**

Networking ist nichts für mich

Die erste Zielgruppe ist wahrlich keine kleine Gruppe und hat ein mächtiges Potenzial zur dritten Gruppe aufzusteigen. Diese Gruppe hat nämlich erkannt, dass Networking eben nichts Banales ist. Diese Gruppe hat für sich erkannt, dass Networking anscheinend bestimmten Regeln folgt und diese Regeln hat diese erste Gruppe für sich noch nicht erschlossen. Das führt bei den meisten Menschen dazu, die mangelnde Kompetenz bei sich zu suchen. „Das kann ich nicht", ist der Beginn einer sich selbst erfüllenden Prophezeiung. Der Teufelskreis kann beginnen: „Was ich nicht kann, lasse ich besser gleich bleiben." So entsteht natürlich kein Kompetenzzugewinn, aber sicherlich in naher Zukunft erste sich bewahrheitende Situationen, in denen das mit dem Networking nicht so recht klappen will. Mit einem „Das habe ich doch gleich gesagt" ist es dann erst einmal vorbei mit dem „neumodischen Quatsch".

Dabei liegt es weniger am Können, sondern vielmehr am Nichtwissen. Die Techniken des Networking sind wirklich ganz leicht, beinahe banal. Die Schwierigkeit des Networking liegt in der Anwendung. Die Banalität des Networking liegt nicht in den Techniken begründet, sondern im Mut, diese auch anzuwenden. Womit wir schon bei der zweiten Gruppe sind.

Wie ein Elefant im Porzellanladen

Die zweite Gruppe beherrscht die Leichtigkeit des Networking in keinster Weise. Verbissen und mit Druck verfolgen sie konkrete und messbare Ziele mit Networking, ganz so wie sie es in den vielen Managementtrainings gelernt haben. Meist sind es harte Vertriebs- oder Karriereziele, die sie verfolgen. Keine Ziele zu haben, das hat man früh gelernt, bringt einen immer auf den falschen Weg und eben nie ans Ziel. Und so muss sich auch das eigene Networking (und leider auch der Gesprächspartner) dieser Zielstrategie beugen.

Trifft man diese Menschen in „Netzwerksituationen", wird man meist in ein Akquisegespräch verwickelt. Ein Akquisegespräch ist etwas Kompliziertes und Komplexes. Es verfolgt Regeln, sucht nach Struktur und vor allem nach jemandem, der die Strippen des komplexen Akquiseprozesses in der Hand hält – also dem Akquisiteur, Verkäufer oder Berater im Kundenkontakt. Verkäufer bin ich jedoch nur im Verkaufsgespräch und das findet nur statt, wenn beide Parteien sich zu so einem Gespräch „verabreden". Das strukturierte und von Fragen geleitete Akquisegespräch hat und wird weiterhin seine Daseinsberechtigung behalten. Aber bitte nur, wenn es dafür ein klares Mandat gibt. Laden Sie Ihren Kunden auf einen Kaffee ein und er kommt tatsächlich, denn er weiß, dass es Ihnen nicht nur um Gastfreundschaft, einen Keks und einen wohligen Kaffeeduft geht. Werden Sie in die heiligen Hallen des Einkäufers eingelassen und Sie haben zudem etwas, was er will, dann und genau dann dürfen und sollen Sie Akquise betreiben. Treffen Sie einen möglichen Kunden jedoch bei einem anderen Event, dann haben Sie in der Regel eben nicht das Mandat zum Verkaufsgespräch. Aber Sie haben das Mandat zum Small Talk und Kontakte knüpfen. Nutzen Sie dieses Mandat, dann erhalten Sie auch das erhoffte Mandat, bei dem Sie Ihr Verkäuferwissen anwenden dürfen.

Networking ist keine Akquise! Mehr dazu lesen Sie im Kapitel 14.

Glauben ist nicht Wissen

Die zweite Gruppe wurde viele Jahre von den Verkaufstrainern dieser Welt gedrillt. Sie mussten lernen, Einwände zu behandeln, Preisgespräche zu führen und Neukunden zu gewinnen. Sie haben an ihren rhetorischen Formulierungen gefeilt und dazu die passende Gestik und Mimik studiert. Manche haben sich sogar in die Tiefen der Psychologie und Typologie gestürzt und können die blauen von den gelben und die roten von den grünen Gesprächspartnern unterscheiden. Da ist es klar, dass diese Gruppe sich nicht mit einer Technik beschäftigen kann, die banal ist. Banalität und Einfachheit können für Starverkäufer nicht Teil ihrer Networking-Strategie werden. Soviel ist klar: Das ist unter deren Niveau. Und so akquirieren sie auf Netzwerkveranstaltungen munter weiter und helfen dabei, eine vierte Gruppe aufzubauen. Das sind dann diejenigen, die irgendwann keine Lust mehr haben, sich die nächste Versicherung aufschwatzen und an einem eigentlich geplant netten Abend unter Gleichgesinnten akquirieren zu lassen.

Warum werden diese Starverkäufer überhaupt Teil von Netzwerken und Teilnehmer an den dazugehörigen Netzwerk-Events? Sie sind doch Starverkäufer und hätten es gar nicht nötig.

Eine Frage, auf die ich noch keine Antwort gefunden habe.

Networking ist doch ganz leicht

Die dritte Gruppe hat die schwierige Hürde des Networking überwunden. Nämlich zu erkennen, dass Networking im Grunde doch ganz leicht ist. Das Schwierige ist, zu dieser Erkenntnis zu gelangen und den Mut aufzubringen, die einfachen Dinge auch zu tun und nicht nach den vermeintlich komplexen Techniken zu suchen.

Networking braucht situativen Small Talk, Wertschätzung und Geduld. Zudem haben Sozialkompetenz, eine Prise Kommunikationskompetenz und gute Umgangsformen auch noch nie geschadet. Ganz leicht, oder?

Und doch trennt sich die Networking-Spreu vom Weizen oft schon beim Small Talk. Ich wundere mich schon ein wenig, dass es zu diesem Thema sogar etliches an Literatur zu finden gibt. Amazon hält über 50 Titel rund um das Thema „Small Talk" bereit. Da gibt es Small Talk für Netzwerker, für Businesssituationen, für Anfänger und für Leute, die nie wieder sprachlos sein wollen.

Abbildung 1: Small Talk

Dabei reicht für den schnellen Einstieg nur eine kleine Definition. Zunächst ist Small Talk eines in jedem Fall nicht: nämlich sinnloses „blabla" oder der Austausch über die Wetterlage. Auch mit antrainierten und auswendig gelernten Plattitüden kommen Sie in der Regel keinen Schritt weiter. So fragte ein Bankberater seinen Kunden in meinem Beisein, ob er denn gut hergefunden habe. Auf meine Rückfrage nach dem Termin gab er an, er wollte damit zu Beginn des Gesprächs die Beziehung zum Kunden aufbauen, Small Talk betreiben. Ich als Kunde hätte mich an dessen Stelle sehr gewundert, war er doch bereits seit über 10 Jahren Kunde dieser Filiale. Sie sehen mit Floskeln erreichen Sie das Gegenteil vom dem, was Sie erreichen könnten.

Situativ soll er sein

Das vorangestellte „situativ" soll eine erste Orientierung geben. Guter Small Talk ist situativ, das heißt der aktuellen Situation angemessen. Wenn sich im privaten Umfeld zwei Fremde treffen, dann wäre ein Gespräch, welches sich im Kern um das gegenseitige Kennenlernen dreht, der Situation angemessen. Die beiden Gesprächspartner können zudem die Kommunikationssituation kaum noch verbessern, wenn die Gesprächsanteile, der Informationsaustausch und Frageanteil zwischen den beiden ausgeglichen ist und nicht einer der beiden Kommunikationspartner 45 Minuten lang alleine redet und erklärt, was er doch für ein toller Typ ist.

Sie kennen diese Situationen, oder?

Diese Situation kann zwei echten Networking-Teilnehmern im gegenseitigen Gespräch nicht passieren, wenn sich beide gegenseitig wertschätzen und sich für den jeweils anderen auch wirklich interessieren. Dann wird sich der Gesprächsanteil beinahe automatisch ausgleichen und sich die Fragen, welche sie mit echtem Interesse für den anderen formulieren, fast aufdrängen. Das nennt der Fachmann dann Empathie.

Wenn Sie jetzt noch die nötige Geduld aufbringen, sind Sie auf dem besten Weg zum Networking-Experten. Das Networking-Ergebnis, also der Verkauf einer Ware, ein Auftrag oder ein neuer Job, sind zeitlich nicht planbar. Das hat Networking mit der Akquise gemeinsam, denn den Erfolg in der Akquise können Sie ebenso in keinster Weise planen. Bei beiden Aktivitäten können Sie zwar die Qualität Ihrer eigenen Vorgehensweise verbessern. Die Garantie für einen 100 %-igen Erfolg gibt es aber nicht, auch wenn Ihnen dies der ein oder andere „Du schaffst es"-Referent auf der Bühne suggerieren will. Mit Chakka und auf die Brust schlagen kommen Sie hier nicht weiter.

Bei der „echten" Akquise können Sie nachfassen und sich zumindest Klarheit über den Prozess verschaffen. Dann wissen Sie, woran Sie sind. Das geht beim Networking nicht. Sie können nicht bei einem netten Gesprächspartner vom gestrigen Networking-Event der Mittelstandsinitiative anrufen und fragen, warum er Ihnen noch keinen Auftrag für die Programmierung einer neuen Webseite erteilt hat. Er sei doch gestern Abend noch ziemlich interessiert gewesen. Auf der Ebene des Kennenlernens neuer Kontakte ist Networking höchst verbindlich, vor allem dann wenn diese Kontakte im realen Leben geknüpft werden. Auf der Ebene einer sogenannten Auftragsverbindlichkeit ist Networking im höchsten Maße unverbindlich.

Interview mit Ingolf Jungman
Geschäftsführer Frankfurt School of Finance & Management gGmbH

Ich bin Netzwerker, weil ...
... ich „pro relatio" bin. Man denke an H_2O – eine nutzbringende Verbindung (relatio) unterschiedlicher Elemente.

Ich bin Netzwerker seit ...
... schon immer!

Im Buchtitel dreht es sich um Irrtümer und Networking. Was ist aus Ihrer Sicht der größte Irrtum im Umgang mit dem Thema Networking?
Networking is not Multi-Level-Marketing!

Warum würden Sie sich selbst als Netzwerker bezeichnen?
Weil ich es bin.

Wann sollte man mit dem Netzwerkaufbau beginnen?
Die Frage ist irreführend! Der Mensch ist nicht Monade (Leibniz, 1646 – 1716) – schon von Anfang an – seit Geburt – sind „Beziehungen" vorhanden. Kurz gesagt: So früh wie möglich.

Was ist Ihr Networking-Highlight?
Das bleibt mein Geheimnis, weil es mich persönlich sehr befördert hat in meiner beruflichen Entwicklung.

ONLINE-Networking versus OFFLINE-Networking, welcher Netzwerktyp sind Sie?
Der Zweck rechtfertigt die Mittel! Vertrauensaufbau ist niemals online möglich, beide Kanäle sind aber zu bedienen.

Wie viel Networking braucht der Mensch?
Mehr als wir glauben und wissen.

77 Irrtümer, und was ist Ihr ultimativer Tipp für erfolgreiches Netzwerken?
Die Zugehörigkeit zu einem (auch formellen) Netzwerk ist nicht gleichbedeutend mit Networking!

Mein ultimativer Tipp:
Leben Sie ihre Grundhaltung in allen Netzwerken: Wertschätzung, Respekt und Höflichkeit!

Kapitel 2
Die Betaphase

 Irrtum Nr. 02:
Networking ist ein US-Import

 Irrtum Nr. 03:
Networking ist eine Modeerscheinung

Irrtum Nr. 04:
Networking ist eine neuzeitliche Erscheinung

Muss man jeden Trend mitmachen? Und wenn es keiner ist?

Fast wie ein Dogma kommt immer alles aus den USA: das Böse, damit man einen Schuldigen hat; das Gute, weil wir scheinbar viel zu oft nicht über das eigene Rückgrat verfügen und das Standing haben, unsere eigenen Leistungen auch nach außen zu tragen und zu vermarkten.

Und so ist das Verfahren zur Erstellung einer komprimierten Musikdatei in Deutschland erfunden worden, in den USA zur Marktreife gezüchtet worden und wird nun weltweit mit Erfolg geerntet. Fragen Sie mal jemanden auf der Straße, einen iPod-Nutzer – das sind in der Regel die Menschen, denen die weißen Kabel aus den Ohren wachsen – in welchem Land mp3 erfunden wurde. Sie werden staunen.

Networking indes ist eben kein US-Import, keine Modeerscheinung und auch keine neuzeitliche Methode aus der Schmiede irgendeines Management Consultants. Und schon gar nicht beginnt Networking mit diesem Buch. Schade eigentlich. Networking wurde nicht in einem amerikanischen Labor gezüchtet und ist dann bei einem Unfall versehentlich als Virus in die Welt getragen worden.

Networking ist so alt wie die Menschheit selbst

Soziale Kontakte im privaten und beruflichen Umfeld sind seit Menschengedenken wichtig, beinahe überlebenswichtig. Und die gute Nachricht: Es wird auch in den nächsten Jahren so bleiben. Wer sich heute mit Networking auseinandersetzt und sich Methoden für seine erfolgreiche Networking-Strategie zurechtlegt, der wird dieses Wissen auch übermorgen noch einsetzen können. Nur die Methoden der Kontaktaufnahme sind es, die sich in den Jahren immer wieder ändern und an neue Rahmenbedingungen anpassen. So können heute dank des Internets neue Netzwerke deutlich schneller wachsen, als es die tradierten Netzwerke ohne Internet jemals hätten schaffen können. Das Internet mit all seinen neuen Communities lässt Netzwerke schneller bekannt werden und schneller wachsen. Die Kontaktaufnahme zwischen Menschen mit den gleichen Interessen, jedoch einer großen räumlichen Distanz, klappt im Netz plötzlich problemlos. Auch das Halten von Netzwerkkontakten, das „in Kontakt bleiben" ist viel leichter geworden, weil man sich heute einfach in einer Online-Community zusammenfinden kann und sich auf diese Weise nicht so leicht aus den Augen verliert.

17 Jahre ist es her, dass ich unser erstes Abitreffen organisiert habe. Für unser fünfköpfiges Organisationsteam bestand die größte Herausforderung darin, dafür zu sorgen, dass jeder der 146 Schüler aus dem Abijahrgang auch an seine Einladung kommt. Umzüge der Mitschüler oder sogar deren Eltern haben die Aufgabe damals erschwert. Hinzu kamen nach fünf Jahren auch schon die ersten Namenswechsel von Mitschülerinnen. Die Herausforderung für das Organisationsteam war geboren. Heute gibt es E-Mails, das Internet und StayFriends, eine Community, die sogar extra dafür ins

Leben gerufen wurde, Schuljahrgänge zusammenzuführen. Und wenn man dort nicht fündig wird, gibt es ja noch diverse Business-Netzwerke, StudiVZ für Studenten und wer-kennt-wen.de, um nur ein paar zu nennen. Irgendwo in einem dieser Netzwerke wird man die- oder denjenigen aus der Zeit des Web 1.0 oder sogar noch aus den Jahren davor doch finden. Und für die Zukunft eröffnet man einfach eine eigene Community. Genügend Angebote an sogenannten „Baukasten-Communities", die man für den Abi-, Studenten- oder Ausbildungsjahrgang nutzen kann, gibt es bereits. In wenigen Minuten ist dann zum Beispiel bei six-groups oder Open-Networx die eigene „Abijahrgang-von-2001-Community" gegründet.

Auch der Trend zu Alumninetzwerken diverser Firmen hat mit dem Internet einen Auftrieb erhalten. Meist wird das Organisieren im Netz von den Protagonisten selbst übernommen. Doch einige Firmen erkennen das Potenzial dieser Alumninetzwerke und fördern die Aktivitäten der Betreiber gerne, denn Netzwerke baut man sich für die Zukunft und nicht ausschließlich für die Gegenwart auf. So kann ein „böser" Ex-Mitarbeiter, der heute dem Unternehmen den Rücken gekehrt hat, übermorgen ein willkommener Kontakt für die so dringlich zu besetzende offene Stelle sein. Vorausgesetzt natürlich, dass es im Unternehmen eine gute Trennungskultur gibt. Mit dem Zugriff auf das Alumninetzwerk werden für eine Firma die Karriereschritte der Ex-Kollegen auch nach dem letzten Arbeitstag im Unternehmen noch sichtbar bleiben.

Irrtum Nr. 05:
Es gibt Menschen, die kommen ohne Netzwerke aus

Die Ärmsten!

Zu Beginn meiner Vorträge frage ich oft und gerne in die Runde, wer von den Anwesenden denn **nicht** Mitglied in einem Netzwerk ist. Es ist immer mindestens ein Teilnehmer oder eine Teilnehmerin an Bord, der/die die Finger in die Höhe reißt. Ich glaube sogar, dass sich ein paar „Finger" nicht getraut haben und, dass viele Menschen die Netzwerke in denen sie eine Mitgliedschaft gebucht haben, tatsächlich nicht als Netzwerke mit all ihren Vorteilen und Möglichkeiten wahrnehmen. Oder haben Sie die Mitgliedschaft in Ihrem Familien-Netzwerk gekündigt, waren nie in einer Schule und haben keine Ausbildung, kein Studium oder keinen Ex-Arbeitgeber? Das alles sind Netzwerke in denen Sie qua definitionen Mitglied sind, ob Sie wollen oder nicht. Und all diese Netzwerke sind wichtig und können Sie an irgendeiner Stelle in Ihrem Leben ein Stück auf Ihrem Weg weiterbringen, denn wenn man zur richtigen Zeit die richtigen Leute kennt und zu diesen auch jederzeit in Kontakt treten kann und vor allem auch will, bedeutet dies einen unschätzbaren Wert für einen selbst. Und die wenigsten erfolgreichen und oder reichen Menschen haben von ganz alleine diesen Status erlangt. Meist hatten sie Kontakte, die Ihnen den Weg geebnet haben. Auch für Menschen wie Albert Einstein oder berühmte Komponisten, denen gerne nachgesagt wird, dass sie Einzelkämpfer waren und nicht durch Teamleistung groß geworden sind, gilt dies. Diese Menschen hatten zum rechten Zeitpunkt die richtigen Gesprächspartner und Kontakte, um ihre Ideen entwickeln und umsetzen zu können.

Auch die unzähligen Geschichten über die Tellerwäscher, die es zu Millionären gebracht haben, hatten selten nur mit genialen Ideen, viel Glück oder einer Portion Zufall zu tun. Meist hatten diese Menschen zur rechten Zeit die richtigen Gesprächspartner. Und meist haben sie Eigeninitiative gezeigt und etwas unternommen, um an diese Gesprächspartner zu gelangen. Da diese Gesprächspartner oft in einer anderen Liga spielten, brauchten diese Menschen in der Regel auch den Mut, diese Leute zum rechten Zeitpunkt anzusprechen. Es kommt also auch auf die innere Einstellung an.

Fragt man diese Menschen heute nach ihrem Erfolgsweg, dann fallen sehr oft Namen von anderen Menschen, die diesen Weg geebnet haben. Das Produkt und die Idee stehen dann oft hinten an.

Egal was Sie erreichen wollen, Sie brauchen also in jedem Fall andere Menschen, die Ihnen auf dem Weg dorthin helfen werden.

Unterschätzen Sie Netzwerke nicht

Nehmen Sie nur mal Ihr Schulnetzwerk. Als Sie die Schule verlassen haben, war der Wert dieses Netzwerkes noch relativ gering. Die meisten Ihrer Mitschüler haben ein Studium begonnen, vielleicht mit einem Abstecher zum Zivildienst oder zur Bundeswehr oder sie haben direkt nach der Schule eine

Berufsausbildung begonnen. Die engen Kontakte beschränkten sich auf die Freunde, mit denen man in den letzten Schuljahren in engerem Kontakt stand. Wenn man Glück hatte, dann konnte man den einen oder anderen Kontakt mit ins Studium nehmen. Dieses Schulnetzwerk hat mit dem Ende der Schulzeit stetig seinen Wert gesteigert. Nie hätte man gedacht, dass der seltsame Typ mit den selbstgestrickten Pullovern es mal in den Vorstand eines Internetunternehmens schaffen würde. Doch dann, 10 Jahre später, stolpert man genau über diese Personalie in der Presse. Oder Sie erfahren im Wirtschaftsteil der Tagezeitung, dass der Kerl, der neben Ihnen gesessen hat, als es noch um Algebra und Kurvendiskussionen ging, nun dem größten Versicherungskonzern in Deutschland vorsteht. Der wirkte doch damals so unscheinbar. Die Schulkollegin, die immer zu spät kam, schafft es heute pünktlich in den OP der Uniklinik. Muss Sie auch, denn sie ist Oberärztin und Vorbild geworden. Jeder von Ihnen kennt ein paar solcher Stories von seinen ehemaligen Schulkollegen oder von sich selbst.

Unterschätzen Sie Netzwerke nicht. Unterschätzen Sie nicht die Netzwerke, in denen Sie Mitglied ohne Aufnahmeantrag, Mitgliedsnummer und Jahresgebühr sind. Mitglied sind Sie so oder so. Der Wert, den Sie einem Netzwerk heute beimessen, kann übermorgen schon ganz anders – meist deutlich höher – valutieren. Natürlich ändert sich der Wert eines Netzwerkes nicht im-

Unterschätzen Sie den Zukunftswert eines Netzwerkes nicht

Bewerten Sie Netzwerke nicht mit dem tagesaktuellen Netzwerkkurs. Die Suche nach einer Formel zur Bewertung Ihres Netzwerkes ist Zeitverschwendung, auch wenn Ihnen die eine oder andere Diskussion über das Thema im Internet etwas anderes suggerieren möchte. Den interessantesten Wert Ihres Netzwerkes können Sie nicht berechnen: den Zukunftswert. Jeden Tag wird Ihr Netzwerk wertvoller, nicht nur, weil Ihr Netzwerk mit den Kontakten 2. Grades auch ohne Ihr Zutun wächst, sondern auch weil die Qualität Ihrer Kontakte kontinuierlich steigt. Geben Sie den Netzwerken, in denen Sie Mitglied sind, auch die Chance, zu wachsen. Dann kann Ihnen ein Netzwerk übermorgen einen gewaltigen Vorteil bringen, von dem Sie heute noch nicht das Geringste erahnen.

mer nur nach oben. Wenn Mitglieder austreten, nicht mehr erreichbar sind oder in den Ruhestand gehen, vermindert sich der Wert eines Netzwerkes zuweilen auch mal. In jedem Fall ist die Bewertung eines Netzwerkes nur nach dem aktuellen Gegenwartswert viel zu kurz gegriffen.

Irrtum Nr. 06: „Ich bin in keinem Netzwerk Mitglied"

Denkste!

Irrtum Nr. 05 lässt diesen sechsten Irrtum gar nicht zu. Netzwerke, denen Sie angehören, gibt es, ob Sie wollen oder nicht. Das gilt nicht für den Golfclub, aus dem Sie austreten können, und somit dokumentieren, dass Sie nicht mehr dazugehören wollen. Denken Sie an Ihre Familien-, Schul- und Alumninetzwerke. In diesen Netzwerken sind Sie Mitglied ob Sie wollen oder nicht. Außerdem kommt kein Mensch ohne zusätzliche Netzwerke aus. Sie brauchen Netzwerke, um Wissen zu generieren, um Karriere zu machen, um Vertriebserfolg zu haben, einen Partner fürs Leben oder jemanden für gemeinschaftliche sportliche Aktivitäten zu finden. All dies gelingt leichter, wenn man auf Menschen zurückreifen kann, mit denen man gemeinsam Teil eines Netzwerkes ist.

Das gilt umso mehr in der heutigen Zeit, in der es nicht mehr **den** Job fürs Leben gibt. Im Bezug auf unser Wissen sind sich da bereits heute alle einig. Das für den Beruf erlernte Wissen während einer Berufsausbildung, eines Meisterlehrgangs oder aus der Zeit auf dem Universitätscampus hat eine in den letzten Jahren immer kürzere Halbwertzeit erfahren. Gleiches gilt für die eigene Karriere. Wer glaubt, dass er, wenn er erst einmal in einem DAX30-Unternehmen einen Bürostuhl in der ersten Etage gebucht hat, aus der obersten Etage in den Ruhestand verabschiedet wird, irrt gewaltig.

Stellenanzeigen: Print versus Netzwerk

Etwa 70 % aller zu besetzenden Stellen werden nicht mit einem Bewerber besetzt, der sich auf eine Stellenanzeige gemeldet hat, sondern durch die Nutzung von Netzwerken. Die preiswerteste Nutzung ist die Nutzung des eigenen Netzwerkes, die teuerste die eines beauftragten Headhunters. Die Dienstleistung, die sich dieser Headhunter bezahlen lässt, ist im Grunde dem kontinuierlichen Aufbau seines Recruitingnetzwerkes geschuldet. Auf dieses Netzwerk greift er zu, wenn ein Unternehmen ihn bei der Besetzung einer Stelle um Hilfe bittet. Kein billiges Vergnügen. Das haben bereits viele Firmen begriffen und arbeiten neben der Positionierung als perfekter Arbeitgeber auch kräftig am Kontakt zu ihren ehemaligen Mitarbeitern. Das nennt man dann im Ergebnis „Firmen-Alumninetzwerke". Außerdem bieten sie den eigenen Mitarbeitern Prämien, wenn diese deren eigenes Netzwerk zur Besetzung einer offenen Stelle anzapfen. Beträge im vier- bis fünfstelligen Bereich sollen so den eigenen Mitarbeitern angeboten werden, wenn diese es schaffen, einen Bewerber erfolgreich auf eine offene Stelle zu akquirieren. Was auf den ersten Blick sehr teuer erscheint, ist für viele Firmen preiswerter als diese Dienstleistung einzukaufen oder samstags Anzeigen im überregionalen Karrieremarkt einer Tageszeitung zu schalten.

Die Frage, die sich auf dem Weg zum erfolgreichen Netzwerker stellt, ist also weniger die, ob Sie Mitglied in irgendwelchen Netzwerken sind, sondern eher, wie Sie all die Netzwerke, in denen Sie so oder so Mitglied sind, geschickt nutzen können. Es ist zu beobachten, dass die hier beschriebenen Netzwerke von den meisten Mitgliedern in keinster Weise effektiv genutzt werden. Ebenso ist jedoch zu beobachten, dass die erfolgreichsten Netzwerker auch oder gerade vor den Familien-, Alumni- und Schulnetzwerken keinen Halt machen, wenn es um das Thema Networking geht. Sie müssen diese Netzwerke nicht aussparen, denn auch diese helfen Ihnen in Schlüsselsituationen weiter. Sie müssen nur auf die Protagonisten aktiv zugehen. Das Netzwerken wird in diesem Zusammenhang jedoch gerne mit

Klüngel, Vereinsmeierei oder Vitamin B

betitelt und erhält damit einen scheinbar unseriösen Anstrich. Diese Sichtweise wird jedoch meist von denjenigen geteilt, die beim Netzwerken scheitern und immer vor der Tür stehen bleiben müssen. Lassen Sie sich von diesen Netzwerkamateuren nicht auf die falsche Fährte führen.

Neid?

Networking hat nichts Despektierliches, ist nicht unseriös und bringt Sie auch nicht an den Rand der Gesellschaft. Das Gegenteil ist der Fall!

Wenn Sie das Ziel verfolgen, bestimmte Kontakte zu generieren, zu einem bestimmten Netzwerk dazuzugehören, dann dürfen Sie natürlich nicht den Bückling machen und sich in eine Gesellschaft „einschleimen". Die Gesellschaftsgruppen, die durch Networking wachsen, anderen einen Gefallen tun, Tipps geben oder Türen öffnen, machen dies nicht mit wirtschaftlichen Hintergedanken. Diese Leute machen dies einfach so, ohne dafür eine Gegenleistung zu fordern. Natürlich nur, wenn es echte Netzwerker sind.

Interview mit Robert Abend
Gründer und Vorstand BörseGo AG

Ich bin Netzwerker, weil ...
... meine Neugier und mein Interesse an Menschen sehr ausgeprägt ist.

Ich bin Netzwerker seit ...
... 1999.

Im Buchtitel dreht es sich um Irrtümer und Networking. Was ist aus Ihrer Sicht der größte Irrtum im Umgang mit dem Thema Networking?
Der größte Irrtum ist, dass im Networking oft der notwendige Filterprozess fehlt und Masse über Klasse gestellt wird.

Warum würden Sie sich selbst als Netzwerker bezeichnen?
Weil mir der Umgang mit unterschiedlichen Menschen/Charakteren und das „Zusammenbringen" passender Potenziale Freude bereitet.

Wann sollte man mit dem Netzwerkaufbau beginnen?
So früh wie möglich und ohne ein einziges vordergründiges Ziel.

Was ist Ihr Networking-Highlight?
Hier um 23.41 Uhr am Computer zu sitzen und die Interviewfragen für dieses Buch beantworten zu dürfen ;-).

ONLINE-Networking versus OFFLINE-Networking, welcher Netzwerktyp sind Sie?
Beides ist wichtig, aber ich bin eher der Offline-Typ, weil ich meinen Gesprächspartnern gerne in die Augen sehe.

Wie viel Networking braucht der Mensch?
Soviel er persönlich verträgt.

77 Irrtümer, und was ist Ihr ultimativer Tipp für erfolgreiches Netzwerken?
Nicht nur ausschließlich auf den eigenen Vorteil/Nutzen aus sein. Networking ist wie ein Sparkonto, von dem man abheben kann, aber man sollte auch mindestens so viel einzahlen!

Kapitel 3
Bedingungslos und großzügig

 Irrtum Nr. 07:
Networking ist Geben und Nehmen

 Irrtum Nr. 08:
Networking ist etwas Bilaterales

Im Grunde schon, aber ...

Fragen Sie Ihr Umfeld nach einer Definition für Networking, dann kommt in der Regel als spontanste Antwort:

Networking ist Geben und Nehmen.

Oft kommt diese Antwort wie aus der Pistole geschossen und scheint beinahe die Heilslehre der selbsternannten Networking-Gurus zu sein. Kaum ein Buch, Artikel oder Interview über Networking, in dem diese Formel nicht auftaucht. Doch was auf der ersten Blick plausibel klingen mag, ist auf den zweiten Blick als Definition rund um das Thema Networking nur mäßig zu gebrauchen.

Abbildung 2: Geben und Nehmen – eine bilaterale Betrachtung

Ich gebe etwas und dafür bekomme ich eine Gegenleistung zurück. Beschreibt dies eindeutig Networking? Sie geben dem Kioskbesitzer etwas: Geld. Und bekommen dafür etwas zurück: eine „Pulle" Bier. Geben und Nehmen beschreibt also auch einen Kaufprozess von Produkten oder Dienstleistungen. Sie können auch einen guten Kontakt vermitteln und Ihr Gegenüber gelangt dadurch an einen Auftrag. Wenn Sie nun eine Provision dafür erhalten, dann haben Sie etwas gegeben und bekommen von der anderen Seite vielleicht eine Provision, also etwas zurück.

Geben und Nehmen!

All diese Vermittlungs-, Kauf- und Akquisesituationen sind in der Regel Prozesse des Geben und Nehmens und zum größten Teil das Gegenteil von Networking. Networking klappt niemals, wenn es auf diese Austauschbeziehung zwischen einem Gebenden und einem Nehmenden degradiert wird und zum alleinigen Ziel der Network-Protagonisten wird.

Wenn Sie etwas geben und Ihrem Gegenüber bewusst oder meist unbewusst klar machen, dass Sie am besten so schnell wie möglich, am besten garantiert und am besten mit dem gleichen Gegenwert etwas als Gegenleistung erwarten, dann bringen Sie Ihren vermeintlichen Partner in eine prekäre Situation.

Networking aus der Sicht des Nehmenden

Und auch, wenn man die Situation von der Seite des potenziell Nehmenden betrachtet, scheint Networking gemäß dieser Definition nicht zu funktionieren. Oft bekommen die Gebenden auch ohne Provisions- oder Gegenwertgelüste als Antwort zurück: „Wo ist der Haken? Was willst Du dafür haben? Was bin ich Dir schuldig? Bin ich Dir jetzt zu irgendeiner Gegenleistung verpflichtet?"

Viele Empfänger einer Netzwerkleistung haben das Gefühl, in eine offene Schuldleistung gegenüber dem Leistung Absendenden Netzwerker zu geraten, wenn Sie eine Leistung von ihm annehmen.

Sie sehen, auch Nehmen will in einer funktionierenden Netzwerkumgebung gelernt sein.

Bedingungslos

Networking **kann** Geben und Nehmen sein, aber selten kommt es zu dieser geschilderten bilateralen Austauschbeziehung zwischen dem Einen, der gibt und dem Anderen, der nimmt. Networking sollte bedingungslos sein. Netzwerker haben gelernt, bedingungslos zu geben und bedingungslos nehmen zu können.

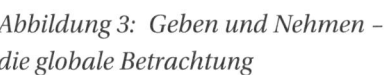

Abbildung 3: Geben und Nehmen –
die globale Betrachtung

Jetzt kommen natürlich die „esoterischen Netzwerkglobalisten" auf den Plan. Die kommen dann mit Parolen, dass sich Geben und Nehmen beim Networking irgendwann einmal ausgleichen wird. Also bedingungslos hineingeben und der Gegenwert kommt später zurück – wahrscheinlich von einer ganz anderen Person. Somit gleicht sich Geben und Nehmen im gesamten Leben aus, ganz wie die Bilanz auf der Aktiv- und Passivseite. Aber wäre es für einen echten Netzwerker schlimm, wenn es nicht so wäre? Er hat doch einfach nur etwas geben wollen. Netzwerker schreiben keine Bedingungen zur unmittelbaren oder mittelbaren Gegenleistung in ihre Netzwerk-AGB.

Netzwerker denken zum Zeitpunkt des Gebens nicht an irgendwelche Gegenleistungen; weder kurzfristig noch langfristig, weder bilateral noch global. Netzwerker handeln bedingungslos.

Das Kernproblem dieser Betrachtungsweise ist die Messbarkeit. Networking unter dem Dogma von Geben und Nehmen und dem Versuch eines gerechten Ausgleichs ist eine kaum lösbare Herausforderung. Oder wollen Sie all Ihre Networking-Aktivitäten in eine Währung umrechnen? Beim Geben und Nehmen im Rahmen von Networking wird ja nicht immer eine Leistung ausgetauscht, die in einer öffentlichen Preisliste mit einem Geldbetrag niedergeschrieben ist. Und selbst wenn es Ihnen gelingt, Networking zu bepreisen, wollen Sie denn Ihr Leben lang die eigene Networking-Bilanz im Auge behalten, permanent auf der Suche nach dem Ausgleich Ihrer persönlichen Allzeit-Networking-Bilanz? Lassen Sie sich nach 10 Jahren des Hineingebens noch weitere 10 Jahre ausbeuten? In der Hoffnung, ganz zum Schluss kommt doch noch der große Ausgleich? Oder nehmen Sie weiter Ihr Umfeld schamlos aus und hoffen, Ihnen fällt schon irgendwann mal ein, was Sie irgendjemandem dafür zurückgeben könnten? Ok, soweit kommt es meist nicht. Da greifen bereits vorher bestimmte Mechanismen in sozialen Beziehungsgeflechten.

Die gute Nachricht und die positive Kehrseite des beschriebenen Irrtums: Machen Sie sich den Stress doch gar nicht erst! Nutzen Sie Ihren gesunden Menschenverstand beim Geben und Nehmen und bleiben Sie sensibel für die Reaktionen aus Ihrem Umfeld.

Netzwerken Sie doch einfach **BEDINGUNGSLOS**!

Echte Netzwerker beherrschen neben dieser Regel der Bedingungslosigkeit auch noch eine zweite Regel: **Die Großzügigkeit** (Quelle: Keith Ferrazzi, *Geh nie allein zum Essen,* 2007).

Networking bedeutet, großzügig zu geben und diese Großzügigkeit in der
Position des Nehmenden auch annehmen zu können. Für den Gebenden
bedeutet dies, den Empfänger nicht zwischen den Zeilen der zwischen
menschlichen Kommunikation die Forderung von Gegenleistungen ein-
zubauen. Für den Nehmenden bedeutet dies, nicht direkt irgendeine un-
ausgesprochene Forderung mit einem sensiblen Appellohr herauszuhören.

Definition

Mit Definitionen ist das immer so eine Sache. Dennoch habe ich mir in
den letzten Jahren meine eigene Definition für Networking zurechtgelegt:

Networking ist BEDINGUNGSLOS und GROSSZÜGIG.

Und so kann Networking zwar hin und wieder auch mal eine bilaterale
Austauschsituation zwischen zwei Netzwerkern sein, das soll hier an dieser Stelle nicht kategorisch ausgeschlossen sein. In Kombination mit dem
Irrtum über „Geben und Nehmen" erhalten Sie jedoch sehr schnell eher
eine Situation, die einer Akquise- oder Kooperationssituation entspricht.

kaufen   *kaufen, kaufen*   *kaufen, kaufen,*
kaufen

Abbildung 4: Verkaufen ist kein Networking

Verknüpfen Sie Ihre Kontakte miteinander

Leistungsempfänger und Leistungserbringer sind die Hauptakteure bei dieser Art der Betrachtung von Networking. Der Ausgleich findet zwischen den beiden Protagonisten statt. Zwar könnte man den Druck bei dieser Art des Networking noch mindern, wenn man den Ausgleich des Geben und Nehmens zeitlich verschiebt. Doch ist gerade diese Art des Networking, wenn sie zudem auch noch zu einer Erwartungshaltung der beiden Akteure mutiert, alles andere als ein gutes Beispiel für Networking.

Findet der Austausch immer nur zwischen zwei Personen (dies könnten natürlich auch zwei Gruppen oder zwei Unternehmen sein) statt, dann kommt es über kurz oder lang immer wieder zu der Situation, dass sich der Nehmende dem Gebenden gegenüber verpflichtet fühlt. Stellt der Gebende diese Definition in den Mittelpunkt seiner Networking-Strategie, wird er dem Anderen nach zwei bis drei Anläufen nichts mehr geben, da er ja keine Gegenleistung erhält.

Definiert der Nehmende Networking auf diese Art, so wird er eine Leistung schwerlich annehmen können, wenn ihm spontan keine passende Gegenleistung einfällt. Dabei ist es egal, ob er hier und heute oder erst in weiter Zukunft die Möglichkeit für eine Gegenleistung sucht. Fühlt er sich verpflichtet und findet diese Gegenleistung nicht, kann er mit dieser Einstellung die Leistung nicht annehmen.

Somit ist eine rein bilaterale Leistungsverpflichtung der Anfang vom Ende einer Networking-Beziehung.

Profinetzwerktipp:

Profinetzwerker sehen sich selber beim Austausch von Informationen, Ware oder Dienstleistungen gar nicht im Mittelpunkt. Netzwerker bringen sehr oft zwei Parteien zusammen, von denen sie wissen, dass der eine sucht, was der andere bietet.

Abbildung 5: Netzwerker verbinden

Die Business-Community XING hat für diese Netzwerksituation sogar eine eigene Funktion in deren Internet-Community integriert. Bei XING können Sie zwei Mitglieder einander vorstellen. Der Mailtext, den Sie bei Nutzung dieser Funktion schreiben, gelangt in identischer Form in die Postfächer der beiden Mitglieder. So können Sie den beiden Protagonisten den ersten Stein ins Wasser schmeißen, wie ich es gerne nenne, und es liegt nun an den Beiden, etwas daraus zu machen. Auf diese Art und Weise stelle ich sogar manchmal meinen Kontakten, die ich gut kenne, Mitglieder vor, die ich nicht oder noch nicht kenne, aber vom Profil her sehr interessant finde und deren Verknüpfung ich für sehr sinnvoll halte. Eine Gegenleistung erwarte ich in diesem Fall natürlich nicht. Sie wissen ja: bedingungslos. Mit meiner Mail endet meine Teilnahme an dieser Netzwerksituation meist. Natürlich lässt sich diese Funktion auch live und in Farbe anwenden. So rufe ich manchmal während eines Gesprächs mit einem meiner Kontakte einen ihm avisierten Gesprächspartner direkt an und berichte meinem Kontakt am Ende der Leitung, dass ich gerade mit jemandem zusammensitze und frage, ob ich seine Telefonnummer oder E-Mail-Adresse direkt weitergeben darf. So sieht mein Gesprächspartner,

43

dass meine spontane Idee einer Verknüpfung keine heiße Luft ist. Ihr Kontakt am anderen Ende der Leitung ist zudem auf die Kontaktaufnahme vorbereitet und wird die Kontaktaufnahme Ihres Gegenübers nicht ablehnen – vorausgesetzt Ihr aktueller Gesprächspartner lässt sich mit der Kontaktaufnahme nicht 6 Monate Zeit.

Mit dem Verknüpfen Ihrer Kontakte haben Sie eines der mächtigsten Netzwerktools an der Hand. Natürlich garantieren Sie mit der Verknüpfung nicht den Erfolg der Beziehung zwischen den Beiden. Aber auch ohne Erfolg wird Ihr Wert, aus Sicht der Beiden, die Sie miteinander verknüpft haben, deutlich steigen.

Irrtum Nr. 09:
Netzwerker bekommen immer etwas zurück

Irrtum Nr. 10:
Wer gibt, bekommt auf lange Sicht den gleichen Gegenwert (oder vielleicht sogar viel mehr) zurück

Nicht zwingend!

Nein, Netzwerker bekommen weder immer etwas zurück, noch gleicht sich die Netzwerkbilanz in jedem Fall, garantiert und mit Brief und Siegel irgendwann einmal aus.

Bis Sie als Netzwerker überhaupt etwas zurückbekommen, müssen Sie sich meist in Geduld üben. Der Aufbau eines Netzwerkes dauert sehr lange – im Grunde dauert der Aufbau ein ganzes Netzwerkleben lang, denn ein Netzwerk ist nie fertig.

Networking ist keine unmittelbar umsetzbare und niedergeschriebene Strategie aus der Feder irgendeines Strategieberaters. Getreu dem Motto: Folge einfach einer bestimmten Struktur und alles andere läuft wie von selbst. Triff jemanden, sprich mit ihm in einer ganz bestimmten Art und Weise, reichere das Gespräch mit einer geschickten Analysephase an, eine Prise Beziehungsmanagement dazu und fertig ist der ersehnte Abschluss.

Der Aufbau eines Netzwerks braucht viel Zeit und wenn Sie diese Zeit mitbringen, wenn Sie in die Netzwerke, deren Teil Sie sind, bedingungslos hineingeben, dann bekommen Sie auch etwas zurück, versprochen!

Es klingt jedoch beinahe wie die Heilslehre des Networking, wenn die handelnden Akteure vom Geben und Nehmen sprechen. Hinterfragt man die Definition kritisch, wird schnell klar, dass viele vermeintliche Profis Networking auf etwas Bilaterales reduzieren, wie Sie dies schon im Irrtum Nr. 08 nachlesen konnten.

Gegen die Definition, dass Netzwerker immer etwas zurück bekommen, ist beim ersten Blick auf diese Aussage nichts einzuwenden. In Kombination mit Irrtum Nr. 10 und der Aussage, dass die Netzwerkbilanz auf lange Sicht ausgeglichen ist, wird es schwierig sein, diese Definition zur Regel zu machen.

Schon bei der Erklärung über den Generalirrtum, dass man Networking per se mit Geben und Nehmen erklären kann, konnten Sie erfahren, dass die Umrechnung Ihrer Netzwerkaktivitäten in eine Geld-Währung schwierig ist.

Nehmen Sie den Druck raus

Sie können es sich natürlich auch einfach machen und ergänzen Irrtum Nr. 09 mit dem Wörtchen „irgendwas". Man bekommt immer irgendwas zurück. Doch aus meiner Sicht bekommen Sie noch nicht einmal immer irgendwas zurück. Wenn überhaupt, dann doch nur, wenn Sie Networking auch richtig leben. Ich habe zu viele Situationen erlebt, in denen die vermeintlichen Netzwerker eben nichts zurück bekommen haben, auch nicht irgendwann. Das liegt meist an der Art und Weise, wie man jemandem eine Gefälligkeit, eine Empfehlung, einen Rat, Tipp oder was auch immer zukommen lässt. Das ist so ähnlich wie in der Akquise. Wenn Sie um jeden Preis einen Abschluss brauchen, weil Sie bis zum Ultimo irgendwelche Ziele erreichen müssen, dann bemerkt das Ihr Gegenüber in der Regel. In Ihrer Stimme und bei Ihrer Wortwahl schwingt permanent dieser Druck mit. Nicht anders ist dies, wenn jemand der Meinung ist, er gibt bedingungslos in ein Netzwerk hinein, tut es aber unter Druck. Eben dann ist es nicht bedingungslos. Sein Gegenüber wird dies bemerken und wenn dieser dann später über diese Networking-Situationen berichtet, dann eher mit den Worten, dass da jemand ziemlich unter Erfolgsdruck steht.

Wenn Sie Networking mit dem Ziel des gleichen Gegenwerts betreiben, wird es zu sehr auf eine wirtschaftliche Austauschsituation degradiert. Gehen Sie bedingungslos und großzügig ans Werk, dann steht der Gegenwert beim Networking zunächst vor der Tür und dennoch rechnet es sich. Dazu mehr im folgenden Irrtum.

Mein Tipp

Machen Sie sich nicht den Stress, nach dem Gegenwert und dessen Ausgleich zu suchen. Fühlen Sie sich nicht verpflichtet, diesen Gegenwert auch zu erfüllen. Die meisten Netzwerkhandlungen lassen eine wertmäßige Beurteilung gar nicht zu, denn es geht beim Networking nicht immer nur um Wirtschaftlichkeit und Business!

Irrtum Nr. 11:
Networking rechnet sich

Aber es lohnt sich!

Networking soll sich nicht zwanghaft rechnen, dies sollte sich aus den bisherigen Erklärungen bereits nachvollziehen lassen. Und dennoch habe ich bisher noch keinen leidenschaftlichen Netzwerker kennengelernt, der mir zu verstehen gegeben hat, dass sich sein Einsatz nicht lohnen würde. Ja, sogar bis hin zu wirtschaftlichem Erfolg, einer grandiosen Karriere oder dem Durchbruch bei einer wissenschaftlichen Arbeit.

Aber es gibt auch Netzwerker, bei denen eben dieser wirtschaftliche Erfolg nicht im Fokus steht, Netzwerker, die ihren wirtschaftlichen Erfolg an anderer Stelle suchen oder die berühmten Schäfchen schon im Trockenen haben. Für diese Menschen ist der Erfolg den andere (hier kommt wieder das Großzügige durch) Menschen in ihrem Umfeld durch deren Aktivitäten erlangen viel mehr Wert, als der eigene Erfolg. Aber dennoch würden diese Menschen immer davon sprechen, dass sich Netzwerken für sie lohnt und sich rechnet. Den Wert bemessen diese Menschen aber nicht im eigenen wirtschaftlichen Erfolg.

Diese Menschen erleben ihren „Gegenwert" in Anerkennung, Kontakten zu immer wieder neuen und interessanten Menschen und vielen Gesprächen mit Mehrwert und Wissenszuwachs. Und weil diese Menschen wirtschaftlich keine Not haben, können Sie ohne Druck ihrem Gegenüber einen bedingungslosen Gefallen tun oder eine kostenlose Empfehlung aussprechen. Diese Profinetzwerker verbinden auch andere Menschen immer wieder miteinander ohne Angst zu haben, dass sich Kontakte verbrauchen könnten (siehe auch Irrtümer Nr. 54 & 55).

Es sollte nun jedoch nicht der Eindruck entstehen, dass Sie nur ein richtig guter Netzwerker werden können, wenn Sie eine gewisse wirtschaftliche Unabhängigkeit erlangt haben. Sie sollten auf jeden Fall die gleiche wirtschaftliche Distanz zum Networking aufbauen wie die oben beschriebene Zielgruppe. Dafür braucht es keinen prall gefüllten Geldbeutel, sondern die richtige Einstellung. Nur mit dieser Einstellung und einem guten Maß an Geduld werden Sie das Netzwerk um sich herum aufbauen, auf das Sie bei Bedarf zugehen können. Dieses Netzwerk wird, wenn es Ihre Einstellung spürt, aber auch auf Sie zugehen. Sie werden dann auch zunehmend der Mensch sein, der mit anderen verknüpft wird.

Bauen Sie Ihre Netzwerke auf bevor Sie sie brauchen

Wenn Sie ein Netzwerk um sich herum aufbauen bevor Sie es brauchen, dann kann es Ihnen zusätzlich hin und wieder sogar bares Geld sparen. PR, Kommunikation und Marketing können durchaus große Budgets verschlingen. Da schreibe ich hier sicherlich nicht über eine bahnbrechende Neuigkeit. Vor allem, wenn Sie für diese Themen immer auf externe Agenturen und teure Medialeistungen zurückgreifen müssen, kommen einige Euro zusammen. Doch gerade die virtuellen Netzwerke können helfen, eine Menge Geld einzusparen. Nehmen Sie nur als ein Beispiel ein Netzwerk wie Twitter. Hier gibt es heute bereits einige Mitglieder, die Ihre Botschaften ohne einen Cent in die Hand nehmen zu müssen an viele tausend unmittelbare und an abertausend mittelbare Kontakte weiterleiten können. Dafür müssen Sie

Social-Media-Netzwerke um sich herum rechtzeitig aufbauen und nicht die Energie damit verschwenden, sich über den Sinn solcher Tools oder die mögliche Halbwertzeit Gedanken zu machen. Möglich, dass es Twitter in fünf Jahren schon nicht mehr gibt. Die, die heute Geld damit verdienen, schert das jedoch wenig. Möglich, dass es in drei Jahren einen erfolgreichen Nachfolger von Twitter gibt. Diejenigen, die Twitter heute schon erfolgreich nutzen, werden auch diesen Trend vor allen anderen Zweiflern und Zauderern erkennen und ihn sinnvoll für sich nutzen. Und was für den einen Twitter ist, ist für den anderen eine Statusmeldung bei Facebook oder XING. Ein paar geschickte Zeichen per Klick an ein riesiges Netzwerk verfehlen ihre Wirkung nur, wenn es sich um sinnfreie Inhalte handelt.

Rechnen sich Netzwerke für die Betreiber?

Eine ganz andere Fragestellung tut sich derzeit im Internet auf, denn dort wachsen die Netzwerke momentan wie Pilze aus dem Boden. Rechnet sich das alles? Kann man mit Networking aus Sicht eines Betreibers Geld verdienen?

„Das kommt drauf an" oder „Das wird sich zeigen" könnten zwei salomonische Antworten sein.

In der Tat kommen in den letzten Monaten regelmäßig beinahe täglich neue Communities an die Web-Oberfläche und das ist zunächst auch gut so und ein Trend, der nicht aufzuhalten ist. Dabei werden die sogenannten vertikalen Communities, die ein spezielles Thema besetzen und damit eine spitze Zielgruppe ansprechen durchaus Aussicht haben, nicht des Internettods zu sterben. Neben neuen pfiffigen Communities für Zielgruppen, an die bisher noch niemand gedacht hat, und Social Communities mit Funktionen, die es bisher noch nicht am Web-Horizont gibt, ist kein Kraut gewachsen. Sie werden unaufhaltsam entstehen und der Internetwelt zunächst erhalten bleiben. Schwierig wird es da schon eher, bei reinen Me-too-Projekten oder der fünften Community für die gleiche Zielgruppe. Hier gibt es schon erste Konsolidierungstendenzen, übrigens nicht nur, weil sich mehrere Plattformen für die gleiche Zielgruppe gegenseitig kannibalisieren, sondern auch, weil einigen Communities die Erlösmodelle fehlen. So hat die Firma web.de erst im Juni 2009 seine Social-Network-Plattform „unddu.de" geschlossen. Gegen das Wachstum der Mitbewerber im gleichen Segment gab es kein ankommen.

Am Ende bleiben die Netzwerke, die Online- und Offline-Faktoren geschickt miteinander verbinden und so einen gewissen Vertrauensfaktor an eine virtuelle und anonyme Internet-Community hängen. In jedem Land werden ein paar wenige globale Communities überleben. Zudem stehen die Chancen für viele Zielgruppennetzwerke gut. Vorausgesetzt sie verstehen es mit gutem Content und einem Maximum an Glaubwürdigkeit die avisierte Zielgruppe zu binden.

Interview mit Ines Kolmsee

Vorstandsvorsitzende SKW Stahl-Metallurgie Holding AG

Ich bin Netzwerker, weil ...
... ich gerne mit interessanten Menschen zu tun habe.

Ich bin Netzwerker seit ...
... ich im Job gemerkt habe, wie sehr einem ein Netzwerk hilft.

Im Buchtitel dreht es sich um Irrtümer und Networking. Was ist aus Ihrer Sicht der größte Irrtum im Umgang mit dem Thema Networking?
Dass einen ganz viele Facebook-Kontakte zum Top-Netzwerker machen.

Warum würden Sie sich selbst als Netzwerker bezeichnen?
Weil ich proaktiv mein Netzwerk pflege und gestalte, anstatt mich nur reaktiv treiben zu lassen.

Wann sollte man mit dem Netzwerkaufbau beginnen?
Wenn man bereit ist, die dafür notwendige Zeit aufzubringen.

Was ist Ihr Networking-Highlight?
Die tollen Frauen bei Generation CEO.

ONLINE-Networking versus OFFLINE-Networking, welcher Netzwerktyp sind Sie?
Beruflich ganz klar offline, online dient für mich mehr dem Kontakthalten zu Menschen die zu weit weg wohnen.

Wie viel Networking braucht der Mensch?
So viel, wie sie/er mag, das ist sehr typenabhängig und eine Frage des Zeitbudgets.

77 Irrtümer, und was ist Ihr ultimativer Tipp für erfolgreiches Netzwerken?
Frag nicht, was das Netzwerk für Dich tun kann, sondern was Du für das Netzwerk tun kannst.

Kapitel 4
Die eigene Einstellung

Irrtum Nr. 12:
Networking ist eher in den angelsächsischen Ländern zu Hause

Die anderen können immer alles besser!

Networking ist weder ein US-Import (siehe Irrtum Nr. 02), noch findet man Netzwerker und Netzwerke eher in angelsächsischen Ländern. Aber in der Tat muss man sich fragen, warum es Menschen gibt, die zu solchen Aussagen neigen.

Das, worum es hier geht, wird in den angelsächsischen Ländern mit Networking bezeichnet, ist jedoch nur die englische Übersetzung für „Beziehungsnetzwerke knüpfen". Zugegeben, Networking geht leichter von der Zunge und zu gerne reichern wir unsere Sprache mit Anglizismen an. Hin und wieder sollte man die militante Gegenwehr gegenüber Anglizismen zum Wohl der deutschen Sprachkultur ablegen. Doch nur, weil wir hier im deutschsprachigen Raum diesen Begriff in unser Standardrepertoire übernommen haben, kommt das eigentliche Thema nicht automatisch aus England oder den USA.

Networking ist so alt wie die Menschheit und kann daher im Grunde nicht irgendwo mehr zu Hause sein, als anderswo. Und dennoch gibt es in den verschiedenen Kulturen einen unterschiedlichen Umgang mit dem Thema. Klar, nicht nur beim Thema Networking, schließlich hat jede Kultur zu den unterschiedlichsten Themen seine Eigenarten und Besonderheiten. Warum also sollte dies beim Beziehungsnetzwerke knüpfen anders sein?

Oft werden Länder wie Großbritannien und die USA als erstes mit professionellem Networking in Verbindung gebracht und gerne auch als die Wiege des Networking bezeichnet. Sicherlich hat dies mit der früheren Instrumentalisierung des Themas in diesen Ländern zu tun. Die Wirtschafts- und Business Clubs kommen eher aus diesen Regionen. Dort geht man zu Mittag in „seinem" Club zum Essen, oft ohne konkrete Verabredung und ohne konkreten Gesprächspartner. Es gibt keine Agenda und auch keine Zielsetzung. Man netzwerkt halt beim Lunch mit den anderen Mitgliedern. Der Club ist die gemeinsame Klammer, der Einstieg, um mit gleichgesinnten Kontakte zu knüpfen. Über die Zeit ergeben sich Gespräche, enge Kontakte und manchmal sogar konkrete Business Opportunities.

Deutsches Clubleben

Die ersten deutschen Wirtschaftsclubs wurden oft optisch dem englischen Vorbild nachempfunden, als hätte man hier keine eigene Kultur, Architektur und kein eigenes Designempfinden. Aber für die meisten Clubs war es gar nicht so einfach, sich zu behaupten und einige haben es wirtschaftlich nicht einmal geschafft. In Deutschland habe ich sehr oft erlebt, dass die Mitglieder eben nicht einfach nur so in „ihren" Club gehen, sondern sich ganz alleine zum Lunch begeben. Die meisten „Clubbenutzer" nutzen die Location des Clubs für regelmäßige im Voraus geplante Verabredungen zum Business-Lunch. Macht sich doch gut seinen Geschäftspartner in „seinen" Club einzuladen. Das Ergebnis: fester Gesprächspartner, klare Agenda und ein konkretes Ziel, so gehört es sich für den guten deutschen Beziehungsknüpfer. Ein Abschluss muss her oder wenigstens muss dieser hier im Club angebahnt werden, sonst kann man ja die Aufwendungen für das Mittagessen und die Clubmitgliedschaft nicht über das Marketingbudget verantworten und schließlich von der Steuer absetzen.

Kauft es sich mit gut gefülltem Bauch etwa besser? Fließt die Tinte unter einen Vertrag nach einem Essen im Club leichter aus der Feder des Kunden? Ich will es hier an dieser Stelle zunächst bei den unterschiedlichen Kulturen belassen, wenn es um die Erklärung der verschiedenen Clubgewohnheiten geht. Ich bin jedoch sicher, auch hier könnte man zu einer besseren und sogar zielführenderen Netzwerkkultur gelangen, wenn an der inneren Einstellung geschraubt würde.

Den Wirtschaftsclubs hier in Deutschland darf man keinen Vorwurf machen, wenn es um das Thema Networking im Club geht. Die Leistungen der Clubs sind hier (Deutschland) wie dort (England) immer gleich. Clubhaus, Essen und Trinken, Rückzugsmöglichkeiten in Besprechungsräumen, einen Humidor, eine Bibliothek, Mitgliedsbeiträge und bestimmte Aufnahmeriten. Fertig ist der Wirtschaftsclub.

 ## Irrtum Nr. 13:
Networking funktioniert weltweit auf die gleiche Art und Weise

Fast!

Ich glaube sogar, dass dies so sein könnte. Ich denke, Networking könnte weltweit zumindest ähnlich funktionieren. Warum sollte Bedingungslosigkeit und Großzügigkeit in einem Land nicht funktionieren, wenn das Prinzip in anderen Ländern erfolgreich ist? Warum sollte jemand, der offenen Herzens etwas in ein Netzwerk hineingibt, nicht weltweit Spaß daran haben, andere erfolgreich zu machen?

Fakt ist jedoch, dass die Menschen in den verschiedenen Kulturkreisen unterschiedlich netzwerken. Wenn wir hier in Deutschland einen Vergleichspartner zu diesem und leider auch zu so vielen anderen Themen suchen, dann nutzen wir gerne den Blick über den großen Teich. Und in der Tat erlebe ich Amerikaner, aber auch Briten beim Networking anders als viele Deutsche, mit denen ich mich in den letzten Jahren zu dem Thema ausgetauscht habe.

Hier in Deutschland beobachte ich oft, wie die Menschen beginnen, Netzwerke zu knüpfen, wenn sie diese Netzwerke benötigen. Ich bin arbeitslos, also muss ich Kontakt zu Headhuntern aufbauen; ich habe einen Job im Vertrieb angenommen, also muss ich mir ein Netzwerk zu Einkäufern aufbauen; ich will in die Wissenschaft, also muss ein Wissenschaftsnetzwerk aufgebaut werden.

Die „Zu-Spät-Strategie"

Wenn man Menschen mit dieser Strategie in Online-Netzwerken begegnet und nach einer Verknüpfung fragt, dann reagieren einige mit Aussagen wie, „Ich habe mir vorgenommen, nur Kontakte zu pflegen, die ich auch persönlich kenne", oder „Ich lösche den Kontakt zu Ihnen, weil ich die Branche gewechselt habe". Und auf meine Frage, was er oder sie denn bezüglich des Netzwerkens plant, wenn die Rückkehr in die alte Branche wieder ansteht, kommt als Antwort: „Dann komme ich wieder auf Sie zu und verknüpfe mich erneut mit Ihnen".

Abbildung 6: Netzwerke sollte man aufbauen, bevor man sie braucht

Erst kürzlich habe ich mal wieder eine Blitzumfrage während eines Vortrags an einer Hochschule durchgeführt. Zielgruppe: Studenten, die knapp zwei Semester vor der Entlassung ins wirkliche Leben stehen. Die erste Frage lautete, wer der Anwesenden denn Mitglied bei XING oder LinkedIn ist. Das Ergebnis lag bei unter 10 %. Nun gut, dachte ich mir, dann sind die Anwesenden halt nicht internetaffin oder zumindest nicht mit den sozialen Netzwerken des Internets vertraut. Also stellte ich zur Absicherung meine zweite Frage: Wer ist denn bei Facebook oder StudiVZ? Es waren 100 % der Anwesenden. Aber die Idee, schon heute ein Netzwerk in Richtung Business und Jobsuche aufzubauen, fanden ebenso 100 % der Anwesenden gar nicht so übel. Zum Glück habe ich die Frage 12 Monate vor Ende der Studienzeit gestellt, sonst hätten sich die meisten am ersten Arbeitstag in einem Business-Netzwerk angemeldet, oder aber irgendwann nach dem Studium und der endlos scheinenden Suche nach einem Job. Eben halt genau dann, wenn man ein Netzwerk gebrauchen könnte.

Die meisten Interview-Partner in diesem Buch haben die Frage, wann man denn mit dem Aufbau eines Netzwerkes beginnen sollte, sinngemäß so beantwortet: so früh wie möglich. Dem will und kann ich hier an dieser Stelle nichts mehr hinzufügen.

Tipp:
Bauen Sie Ihre Netzwerke auf, bevor Sie diese brauchen ...

... denn zum jetzigen Zeitpunkt können Sie doch noch gar nicht wissen, was Ihr Netzwerk in einem Jahr leisten können sollte. Sie kennen heute noch nicht die Fragen, mit denen Sie sich in 18 Monaten beschäftigen und deren Antwort Ihnen Ihr Netzwerk generieren kann. Und weil Sie das eben nicht wissen, ist für viele Personen ein Netzwerk aus der jeweiligen aktuellen Beurteilung wie ein roher Kristall, aus dem sich aber in der Zukunft ein wertvoller Netzwerkdiamant schleifen lässt.

Interview mit Matthias Kröner
Sprecher des Vorstands FIDOR BANK AG

Ich bin Netzwerker, weil ...
Ich würde mich so nie bezeichnen. Ich versuche lediglich, über gute Ideen und eine noch bessere Leistung ein überzeugender und gern gesehener Partner zu sein. Der Rest kommt von selbst.

Ich bin Netzwerker seit ...
... wahrscheinlich seit ich im Internat lernen durfte, wie wichtig auf engem Raum das gute Auskommen mit den Mitschülern ist.

Im Buchtitel dreht es sich um Irrtümer und Networking. Was ist aus Ihrer Sicht der größte Irrtum im Umgang mit dem Thema Networking?
Es komplett auszublenden, weil man es als unnötig abtut.

Warum würden Sie sich selbst als Netzwerker bezeichnen?
Weil man als extrovertierter Mensch in einer gewissen Stellung automatisch zum Netzwerker wird/werden muss.

Wann sollte man mit dem Netzwerkaufbau beginnen?
(Unbewusst) So früh wie möglich.

Was ist Ihr Networking-Highlight?
Wenn sich die Leute wirklich freuen einander wieder zu sehen.

ONLINE-Networking versus OFFLINE-Networking, welcher Netzwerktyp sind Sie?
Eher online, seltener offline, aber wenn offline, dann mit vollem Spaß.

Wie viel Networking braucht der Mensch?
Ohne gehts leider gar nicht, zu viel hält von der Arbeit ab: Das gesunde Maß muss jeder für sich erfahren.

77 Irrtümer, und was ist Ihr ultimativer Tipp für erfolgreiches Netzwerken?
Bring mehr ein, als Du rausnimmst.

Kapitel 5
Lernen

 Irrtum Nr. 14:
Networking hat etwas mit Alter und Erfahrung
zu tun

Und noch ein fataler Irrtum!

Im Kern hat Networking nichts mit dem Alter, der sozialen Schicht oder dem persönlichen Erfahrungshorizont zu tun. Zunächst einmal kann jeder netzwerken. Wann immer Sie wollen und am besten so früh wie möglich.

Natürlich ist das Netzwerk, auf welches Sie zu Beginn Ihrer Studienlaufbahn zugreifen können, erst ein kleines Netzwerkpflänzchen. Aber wer sein Netzwerk hegt und pflegt, macht daraus schnell ein großes und wertvolles Netzwerk. Und gerade zu Beginn der eigenen Karriere sollten Sie den Aufbau von Kontakten nicht unterschätzen. Dennoch sind es oft Studenten, die mir in Internet-Business-Communities den Kontakt zunächst ausschlagen. Ein strategisch ungeschickter Schachzug, bin ich als berufstätige Person doch ein erster Türöffner zu dem einen oder anderen Karrierekontakt.

Andere Studenten erlebe ich dann wieder ziemlich forsch bei der Sache: Kontakt knüpfen und mit der zweiten Mail gleich mal nachfragen, ob ich nicht die Bitte an einer Umfrage teilzunehmen an tausende meiner Kontakte versenden könnte. Reicht man manch einem den kleinen Finger, bekommt man pro Woche mindestens zwei Fragen zu Kontaktanbahnungen oder Karrieretipps zurück. Wohlgemerkt, von der gleichen Person.

Der Mittelweg ist hier ausnahmsweise mal wieder der richtige Weg. Das bedeutet aber nicht, Sie sollten sich die alles entscheidende Anfrage für später aufheben, der Kontakte könnte sich ja mit der Zeit verbrauchen. Das Gegenteil ist der Fall, aber dazu an späterer Stelle mehr.

Dass Netzwerke mit der Zeit wachsen, zeigt Malcolm Gladwell in seinem Buch *Tipping Point* recht eindrucksvoll auf. Sein kleines Experiment können Sie mit sich selber machen und auch in Ihrem Umfeld ausprobieren.

Sind Sie ein Vermittler?

Gladwell hat eine Liste mit 250 willkürlich ausgewählten Nachnamen erstellt. Ich gehe davon aus, dass Namen wie Schmitz und Meier nicht unbedingt zu den 250 Einträgen gehören sollten. Diese Liste hat er an Studenten, aber auch seinen Freundeskreis, der aus vielen Akademikern bestand, verteilt. Unterschiedliche Gruppen mit unterschiedlichem Einkommen und unterschiedlichem Durchschnittsalter nahmen an diesem Test teil, der daraus bestand, hinter jeden Namen zu dem man jemanden kennt, einen Strich zu machen. Kennt man mehr als eine Person mit diesem Namen sind auch mehr Striche zulässig. Eine kurze Begegnung oder ein kurzer Small Talk bei einem Event reichen aus. Selbstredend, dass es nicht ausreicht, einen Strich bei „Merkel" zu machen, nur weil man weiß, wie die deutsche Kanzlerin heißt.

Das Ergebnis aus dem Gladwell-Test: Die Studenten kamen auf einen Wert von ca. 21 Punkten. Sie kannten also im Schnitt 21 Personen aus der langen Liste. In seinem Bekanntenkreis lag der Wert bereits bei 41 Punkten. Das Netzwerk hatte sich seit dem Studium also verdoppelt. Keine verblüffende Erkenntnis werden Sie zu Recht sagen. Das Verblüffende kommt noch: In jeder Gruppe gab es eine große Abweichung zwischen dem niedrigsten und höchsten Ergebnis. Gladwell führte den Test insgesamt mit

400 Personen durch. Nur acht Personen kamen auf über 90 Punkte, nur vier über 100. Aber es gab in jeder Gruppe mindestens einen mit einem solchen hohen Punktwert. Auch bei den Studenten!

Gladwell nennt diese Menschen „Vermittler". Diese Menschen sind es, die mit Leichtigkeit neue Bekanntschaften knüpfen und auf ein stetig wachsendes Netzwerk zurückgreifen können. Keith Ferrazzi nennt diese Menschen in seinem Buch *Never eat alone* auch „Connectoren". Bezeichnen kann man diese Gruppe auch mit dem Begriff „Netzwerk-Hubs" in Anlehnung an die echten Netzwerk-Hubs, bei denen in einem technischen Netzwerk die Strippen zusammenlaufen.

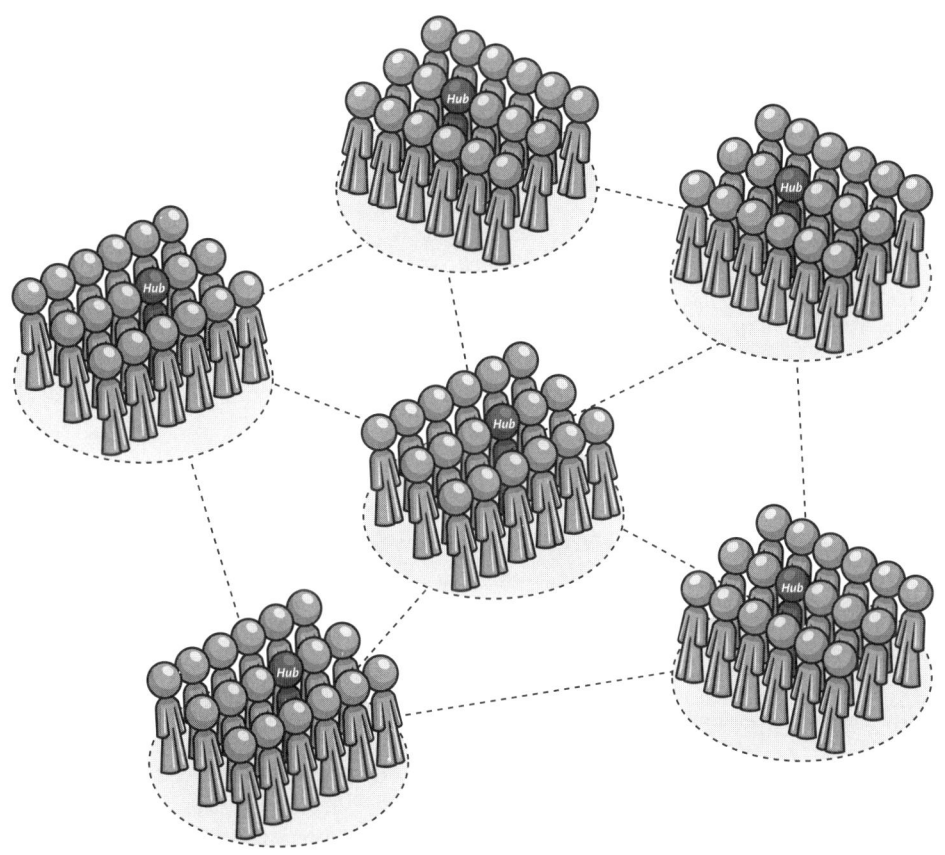

Abbildung 7: Suchen Sie die Netzwerk-Hubs

Diese Menschen haben über ihre Kontakte und ihr Netzwerk im 2. Grad eine enorme Reichweite: keine engen und intensiven Kontakte, keine tägliche und regelmäßige Beziehungsarbeit, aber immer den richtigen Kontakt zum richtigen Zeitpunkt. Und wie wertvoll diese eher schwachen Verbindungen sein können, lesen Sie im 8. Kapitel.

Abbildung 8: Darstellung der „Kontakte 2. Grades"

Und so bleibt als Fazit zu diesem 14. Irrtum, dass Ihnen das Networking sehr wohl von Jahr zu Jahr leichter fällt, denn neben dem Erfahrungszuwachs in der Kommunikation wächst auch die Qualität des eigenen Netzwerks.

Tipp: Wann startet man am besten mit dem Netzwerkaufbau

Wenn Sie noch nicht damit begonnen haben, Ihr Zukunftsnetzwerk aufzubauen: Machen Sie es jetzt!

Irrtum Nr. 15:
Networking ist schwierig und komplex

Nur, wenn man netzwerken muss!

Wenn Sie sich unter Druck setzen ein Netzwerk aufzubauen, weil Sie zu einem bestimmten Zeitpunkt einen ganz bestimmten Kontakt brauchen, ein fest definiertes Karriereziel erreicht haben wollen oder bis zum Quartalsende ein bestimmtes Umsatzziel einfahren müssen, ja, dann ist Networking schwierig und zudem das falsche Konzept für die genannten Ziele.

Es gibt nur wenige hilfreiche „Tools", die ein guter Netzwerker beherrschen sollte. Eines dieser Tools ist der Small Talk. Eine Kommunikationsform, die auch wieder eher in den angelsächsischen Ländern zu Hause ist und hier in Deutschland negativ besetzt, weil falsch verstanden ist. Small Talk ist keine Aneinanderreihung von sinnfreien Worthülsen mit einem allgemeinem „bla bla". Eine angefügte Vokabel soll helfen: situativ.

Der situative Small Talk

Small Talk kann alles andere als ein belangloses Geplänkel sein, wenn es sich um eine situative, also der Situation angemessene Kommunikationsform handelt. „Schönes Wetter heute", „Wie geht es Ihnen" und „Haben Sie gut hergefunden" müssen leider draußen bleiben. Und dabei kann der Small Talk, über den es sogar viele Anleitungen in Buchform gibt, so einfach sein.

Ein Blick ins Privatleben kann Wunder wirken. Stellen Sie sich vor, Ihr bester Freund erzählt Ihnen wochenlang von seinem geplanten USA-Trip, nichts hat er sich in den letzten Jahren sehnlicher gewünscht. Nun treffen Sie ihn drei Tage nach Rückkehr seines 6-Wochen-Ausflugs wieder. Was fragen Sie ihn? Sehen Sie – alles andere wäre das Ende Ihrer Freundschaft.

Vorbereitung ist das halbe Leben

Es bedarf einer Situation, die sich leicht auf Ihr Berufsleben und auf Networking-Situationen übertragen lässt und zwar immer dann, wenn es sich um Kontaktsituationen zwischen zwei Menschen handelt, die vorher schon mal in Kontakt standen. Irgendeinen Aufhänger wird Ihnen der jeweils letzte Kontakt zu der Person, mit der Sie jetzt zusammenkommen noch liefern und das könnte Ihr Aufhänger für einen situativen, also der aktuellen Situation angemessenen, Small Talk sein.

Sich vorbereiten, hat Winston Churchill mal gesagt, ist keine geniale Leistung, aber durch eine gute Vorbereitung können Sie gegenüber Ihrem Gesprächspartner genial wirken. Wenn Sie einen geplanten Gesprächspartner haben, dann können Sie genügend Informationen über ihn und sein Unternehmen herausfinden und haben so eine Menge Munition für einen genialen und situativen Small Talk. Verzichten Sie auf eine gezielte Vorbereitung, verzichten Sie auf eine Menge Chancen im anstehenden Gespräch. Denken Sie immer daran, dass wir Menschen permanent nach Anerkennung streben. Bieten Sie Ihren Kontakten die nötige Anerkennung und Wertschätzung, die Ihr Gegenüber schon alleine aus der Vorbereitung erkennen wird. Jetzt noch die richtigen Worte und die halbe Kommunikationsmiete ist bereits eingefahren.

Quellen zur Vorbereitung gibt es heute genügend. Dank des Internets und der Frage, was wir ohne gemacht haben, haben Sie schon das Tor zur Informationswelt über Ihre Gesprächspartner aufgestoßen. Eine weitere gute Quelle, wenn Sie sich ein Bild über ein Unternehmen machen wollen, sind die Jahresberichte des Unternehmens.

Die zweite Episode stammt aus einem eher privaten Umfeld: Ihre beste Freundin kommt zum Kaffee auf einen Besuch vorbei. Sie kommt nicht alleine und hat ihren neuen Freund im Schlepptau – ein Fremder für Sie. Und ich wette, zwischen Ihnen beiden ergibt sich ein Dialog, der auf das gegenseitige Kennenlernen ausgerichtet ist. Liege ich richtig? Neugier treibt Ihren Dialog mit dem „Neuen" und das ist auch gut so. Findet sich die Neugier bei zwei sich unbekannten Personen, dann ergibt sich über das folgende Frage- und Antwortspiel ein für beide Seiten zufriedenstellender Dialog des gegenseitigen Austauschs von Informationen; Kennenlernen halt.

Seien Sie neugierig, dann fallen Ihnen die passenden Fragen ein

Diese Situation ist auch in einem beruflichen Umfeld ein echter Network-Klassiker. Wenn Sie Teilnehmer einer Veranstaltung sind, dann können Sie

Ihr Netzwerk mit Leichtigkeit erweitern. Die meisten Teilnehmer sind wahrscheinliche Fremde für Sie. Was Sie nun brauchen ist Neugierde, die Sie nur in die richtigen Fragen verpacken müssen. Fertig ist der situative Small Talk zwischen zwei fremden Menschen, mit dem Ziel des gegenseitigen Kennenlernens.

Die einzige Gefahr besteht darin, dass einer der beiden Gesprächspartner in ein Akquisegespräch abdriftet. Kennenlernen erlaubt, Akquise verboten.

Gehen Sie aktiv auf Menschen zu

Wenn Sie jetzt noch den Mut haben, mit Freude auf andere Menschen zuzugehen, dann haben Sie das zweite einfache Werkzeug des erfolgreichen Netzwerkers im Gepäck.

Das dritte empfehlenswerte Werkzeug ist die Überwindung. Wenn Sie das Ziel haben, ein Netzwerk aufzubauen, dann müssen Sie selbst aktiv dafür sorgen, Situationen zu schaffen, Kontakte zu treffen. Gelegenheiten gibt es genug.

Nehmen Sie zum Beispiel das Business-Netzwerk XING. Im Grunde eine Web-2.0-Internet-Community, aber auf den zweiten Blick auch ein lebendiges Offline-Netzwerk. In vielen Regionen richten XING-Ambassadore Events für die Mitglieder aus. Manchmal als ungezwungenes Networking-Treffen und mal als Business-Lunch mit einer etwas strafferen Organisation. Hierbei entstehen genügend Gelegenheiten, um neue Kontakte zu knüpfen und die virtuellen Kontakte endlich kennenzulernen.

Aber wenn es dann soweit ist und das Event für den Abend im Kalender steht, dann gibt es eine Menge Gründe, den Veranstalter doch noch mit der eigenen Abwesenheit zu strafen. Überwinden Sie Ihren inneren Schweinehund, denn es lohnt sich. Und je niedriger die eigene Erwartungshaltung ist, desto besser. Gehen Sie ohne Ziele zu dem Event. Planen Sie nicht, 14 neue Visitenkarten mit ins Büro zu nehmen und in jedem Fall 11 virtuelle Kontakte aus dem eigenen Kontaktordner zu treffen. Lassen Sie den Abend auf sich zukommen, dann lernen Sie mit Leichtigkeit auch die richtigen Menschen kennen.

Gesprächsstoff für den Abend gibt es genügend. Sie sind im gleichen Netzwerk, Sie kennen sich beide nicht, Sie wissen nicht, was Ihr Gegenüber zu
diesem Netzwerk gebracht hat und Sie wissen nicht, was er beruflich
macht. Damit haben Sie die ersten Fragen im Kommunikationsköcher
und der Rest läuft von alleine.

Tipps fürs Offline-Networking

Gehen Sie alleine!

Am leichtesten fällt die Kontaktaufnahme zu neuen Menschen,
wenn Sie alleine zu solchen Events gehen. Gehen Sie mit Kollegen
oder Freunden, stehen Sie wahrscheinlich wieder den ganzen Abend
mit genau diesen zusammen. Wachstum Ihres Netzwerks an diesem
Abend: + null Kontakte!

Terminvereinbarung

Bei diesem Thema halte ich es wie bei den Visitenkarten. Ich mache
nie von mir aus einen Termin während eines Networking-Events.
Sollte ich dies vorhaben, so verkneife ich es mir an dem Abend und
suche den Kontakt ein bis zwei Tage später. So habe ich dann auch
gleich einen Aufhänger. Anders sollten Sie reagieren, wenn Ihr Gesprächspartner Ihnen einen Termin anbietet. Dann bitte nicht schon
wieder sagen: der Hahn hat aber geschrieben, das macht man aber
hier und heute Abend nicht. Wenn Sie einen Termin aktiv anbieten,
dann wirkt es wie Akquise. Will Ihr Gegenüber etwas von Ihnen (und
zwar nicht Ihnen etwas verkaufen), dann können Sie das Angebot
annehmen.

Interview mit Rudolf Kahlen

Leitender Redakteur Mittelstand G + J Wirtschaftsmedien GmbH & Co. KG

Ich bin Netzwerker, weil ...
... das für mich als Journalist die Basis beruflichen Erfolges ist.

Ich bin Netzwerker seit ...
... Mitte der Achtzigerjahre.

Im Buchtitel dreht es sich um Irrtümer und Networking. Was ist aus Ihrer Sicht der größte Irrtum im Umgang mit dem Thema Networking?
Zu meinen, erfolgreiches Networking sei etwas, das jemand – ähnlich einer To-do-Liste – immer auf der persönlichen Agenda haben müsste.

Warum würden Sie sich selbst als Netzwerker bezeichnen?
Weil ich als Journalist weiß, wie wichtig gute Kontakte für den Erfolg meiner Arbeit sind.

Wann sollte man mit dem Netzwerkaufbau beginnen?
Das passiert bei offenen Menschen schon früh und sollte spätestens im Job nicht mehr dem Zufall überlassen bleiben.

Was ist Ihr Networking-Highlight?
Mit angenehmen Zeitgenossen, die ich lange nicht gesehen habe, von einer Sekunde auf die andere wieder so umzugehen, als hätten wir laufend Kontakt gehabt.

ONLINE-Networking versus OFFLINE-Networking, welcher Netzwerktyp sind Sie?
Zu 10 Prozent ein Onliner, vor allem aber ein Offliner.

Wie viel Networking braucht der Mensch?
Nur soviel, wie einem Networking auch Spaß macht, damit man
nicht verkrampft – was ein Gegenüber rasch merkt.

77 Irrtümer, und was ist Ihr ultimativer Tipp für erfolgreiches
Netzwerken?
Es lohnt, sich im Job auf solche Kontakte zu konzentrieren, die einen
weiter bringen.

Kapitel 6
Image

Irrtum Nr. 16:
Networking ist oberflächlich

Na und?

„Networking in dieser Business-Community ist doch höchst oberflächlich", entgegnet ein Mitglied einem anderen, als dieses die Intensivierung
des Kontakts zunächst ein wenig bremst. Ob es dem Mitglied dabei wirklich um Business ging oder er eher private Ziele verfolgte bleibt zunächst
offen.

Natürlich kann der Eindruck, dass Networking etwas Oberflächliches ist,
schnell entstehen. Networking hat keine wirklich festen – in Steinplatten
eingemeißelten – Regeln und Riten. Networking beginnt nicht, nachdem
die Vertragsparteien sich auf die Unterzeichnung eines 30-seitigen Ver-
tragswerkes über die gegenseitigen Ziele und Pflichten vereinbart haben.
Networking ist auch nicht, wie ich dies schon an anderer Stelle beschrieben habe, mit Beziehungsmanagement zu verwechseln.

Aber all das kann Networking zu Tage fördern. Ich kenne kaum einen leidenschaftlichen Networker, der nicht aus dem einen oder anderen Kontakt einen guten, verbindlichen, das heißt, nicht oberflächlichen Kunden
gemacht hat oder von dem ein paar seiner Kontakte heute zu seinen engsten Freunden gehören. Das ergibt sich halt. Aber doch eben nur, wenn Sie
den anfänglichen scheinbar oberflächlichen Einstieg ins Networking mit
Ihren Kontakten nicht zu verbissen sehen. Sie schließen nun mal nicht
nach 3,5 Tagen bereits eine enge Freundschaft zu einem neuen Kontakt,
was ja völlig normal ist und zudem nichts mit Networking zu tun hat. Eben
ganz so wie im normalen Leben, denn 3,5 Tage nach dem ersten Tag an
der Uni hatten Sie auch noch keine allerbesten Freunde dort (ausgenommen die, die Sie schon in der Schulzeit hatten und den gleichen Studien-
gang mit Ihnen begonnen haben).

Genau so verhält es sich übrigens auch meist im Geschäftsleben außerhalb
von Clubs, Netzwerken und Co. Ich erinnere mich daran, dass ich drei
Jahre und drei Termine mit dem Vorstand und den Personalern einer Bank
im Gespräch war, Reisekosten und Zeit investiert hatte und immer noch
keinen Auftrag in meine Bücher schreiben konnte. Dann nach genau drei
Jahren kam es zu dem entscheidenden vierten Termin und der Auftrag war
besiegelt. Wenn nun in bestimmten Branchen die Auftragsvergabe auch
mal ein paar Jahre dauert (der Herr aus dem Einstiegsszenario würde wahrscheinlich von einer oberflächlichen Kundenbeziehung sprechen), warum
sollte es dann mit Networking plötzlich so viel schneller klappen.

Geben Sie nicht auf

Die Gefahren für Networker und Akquisiteure indes liegen auf dem gleichen Level. Die meisten geben zu früh auf. In beiden Fällen ist Geduld
und eine gewisse strategische Hartnäckigkeit von elementarer Bedeutung.
Nehmen Sie mein persönliches Beispiel von oben, welches mir wahrlich
nicht nur einmal widerfahren ist. Jeder Termin bedeutete aufgrund einer
Anreisedistanz von ca. 450 Kilometern einen Tag zeitliche Investition, jeder Termin bedeutete Reise- und Übernachtungskosten. Ich hätte nach
dem ersten, zweiten oder dritten „Momentan haben wir keinen Bedarf"
auch einen Vorwand heraushören können und das „momentan" für mich
ausblenden können. Genau dann wären die Investitionen jedoch abzu-
schreiben gewesen. Sie kennen das: Außer Spesen nichts gewesen. Ich

konnte mir aber auch überlegen, wie ich bei jedem neuen Anlauf einen kommunikativen Einstieg finde, der mich nicht in die „ich habe es dringend nötig-Abteilung" oder „Verkaufen geht nur mit Druck-Abteilung" katapultiert und so habe ich bei jeder Absage das „momentan" für bare Münze genommen und gefragt, ob ich mich denn bei gegebener Zeit wieder melden dürfte. Wer weiß, vielleicht ist dann beim Kunden aus einem „derzeit nicht", ein „passt gerade super" geworden. Und die Kontaktaufnahme ca. alle 10-12 Monate war dann auch einfach und startete immer mit dem Satz: „Sie haben mich gebeten." Es hat funktioniert. Dennoch angereichert mit ein wenig Hartnäckigkeit kam der Auftrag nach drei Jahren zustande und hat alle Investitionen rechenbar gemacht.

Trennen Sie Networking von all dem, was danach kommt. Ganz so, wie wenn Sie Öl und Wasser in ein Gefäß gießen und sich die beiden Flüssigkeiten in zwei Schichten voneinander absetzen und unter normalen Bedingungen nicht zu mischen sind, ganz so verhält es sich mit dem Networking. Networking und Freundschaft sowie Networking und Business kann man gerne in ein Netzwerk gießen, aber die beiden Schichten sollten voneinander getrennt bleiben. Mischen zwecklos. Deshalb sieht Networking, vor allem für die, die es noch nicht so beherrschen, und die, die den schnellen Erfolg in der Liebe (es gibt ja auch dafür Netzwerke) oder im Business suchen, in der Tat ein wenig oberflächlich aus. Für alle diejenigen, die es verstehen, die Trennung der beiden Schichten zu akzeptieren und zu managen, ist Networking der Weg zum Ziel und alles andere als eine oberflächliche und sinnlose Spielerei.

 Irrtum Nr. 17:
Klüngel und unseriös

 Irrtum Nr. 18:
Networking = Network Marketing

Bedingt Irrtum Nr. 17 die 18 oder umgekehrt?

Ich kann es Ihnen nicht sagen. Fakt ist, dass hin und wieder Networking eher negativ gesehen wird. Das sehen Sie schon an den Bezeichnungen, die es zu diesem Thema gibt (siehe Kasten).

Bezeichnungen für Networking:
- Vitamin B
- Die Deutschland AG
- Kölscher Klüngel
- Verbands- und Vereinsmeierei
- Filz
- Seilschaften
- Network-Marketing
- Strukturvertrieb
- Kundenkinder
- Mitarbeiterkinder

Wenn Networking, also das Knüpfen von neuen Kontakten, über Anbiedern beginnt, dann ist das in der Tat beinahe etwas unseriös. Warum sich diese Begriffe im Zusammenhang mit Netzwerken so gut halten, ist mir indes schleierhaft.

Networking hat auch zunächst nichts mit Network-Marketing oder mit Multi-Level-Marketing zu tun. Bitte nicht falsch verstehen, sollten Sie innerhalb einer solchen Organisation arbeiten. Über das Für und Wider will ich mich an dieser Stelle nicht auslassen, denn dies ist ja nun mal kein Vertriebs- oder Marketingbuch, welches sich mit dieser Vertriebsform auseinandersetzt.

Eine Vertriebsform!

Network-Marketing, auch Multi-Level-Marketing genannt, ist eine Vertriebsform. Networking ist das Gegenteil von Vertrieb, wie Sie es auch noch ausführlicher im Kapitel 11 nachlesen können.

Beim Multi-Level-Marketing geht es weder um Großzügigkeit noch um Bedingungslosigkeit. Einfach ausgedrückt geht darum, dass die Mitglieder in einer solchen Vertriebsform Ihrem Bekannten- und Familienkreis Waren oder Dienstleistungen verkaufen oder empfehlen. Meist nutzen sie diese Waren bereits selber und immer wollen die „Netzwerker" die neuen Kunden auch gleich zu neuen Vertriebspartnern entwickeln. Die Vertriebspyramide ist geboren, der Rubel kann rollen.

Ja, diese Multi-Level-Marketiers greifen im Grunde auf ihr Netzwerk zu, um den Absatz von Plastikschüsseln, Finanzprodukten oder Vitaminpräparaten zu steigern. Networking? Nein, was dort passiert ist knallharter Vertrieb in einer besonderen Vertriebsform und hat mit dem eigentlichen Networking nur bedingt etwas zu tun.

Die Begriffe aus dem Infokasten in die Realität umgesetzt sind in der Tat ein wenig unseriös. Doch sind dies nicht die richtigen Bezeichnungen für Networking und Netzwerker. Mit diesen Bezeichnungen tut man den ehrlichen und aufrichtigen Netzwerkern Unrecht. Und doch will ich nicht ausschließen, dass es Menschen gibt, die Netzwerke gezielt ausnutzen und sich durch den Zugang zu einem bestimmten Netzwerk eigene und manchmal auch illegale Vorteile verschaffen. Ich halte es dann immer mit der „Gauß'schen Normalverteilung" und wenn Sie jetzt noch einen der guten alten 10 DM-Scheine in der Hand halten könnten, dann hätten Sie zumindest die Formel zum Nachlesen zur Hand. Kurz und unwissenschaftlich: Die meisten Netzwerker sind anständig und ehrlich, die meisten Netzwerke anspruchsvoll und seriös. Aber rechts und links vom Mittelfeld gibt es halt immer wieder ein paar Ausreißer.

Das hat nichts mit der Kultur zu tun, ist weder im Westen noch im Osten oder auf der nördlichen und südlichen Halbkugel verstärkt anzutreffen. Die Anti-Netzwerker haben auch nicht mit dem Internet und Online-Communities zugenommen, sondern sind in Offline-Netzwerken gleichermaßen anzutreffen. Normalverteilt halt.

 ## Irrtum Nr. 19:
Networking grenzt andere zu Unrecht aus

 ## Irrtum Nr. 20:
Networking ist unethisch

Zu Unrecht?

Was ist schon gerecht? So könnte eine böse Gegenfrage lauten. Zu Unrecht wird niemand aus Netzwerken ausgeschlossen und unethisch ist es sicherlich auch nicht, wenn die Berater von McKinsey auf ehemalige Kollegen zurückgreifen, um einen neuen Auftrag bei der DAX AG zu erlangen. Sie würden es genauso machen, wenn Sie wüssten Ihr ehemaliger Kollege ist nun im Einkauf bei genau dem Unternehmen, welches Ihr Chef ganz oben auf seine Beuteliste gesetzt hat. Unseriös? Glück? Schicksal?

Stellen Sie sich vor, Sie haben einen wirklich guten Zahnarzt. Ein Zahnarzt Ihres vollsten Vertrauens. Jetzt werden Sie aus Ihrem engsten Freundeskreis nach einem guten Zahnarzt gefragt. Und Ihre Antwort lautet, dass die Nennung „Ihres" Zahnarztes nicht OK wäre für all die anderen Zahnärzte in der Stadt. Wäre eine öffentliche Ausschreibung aus Ihrer Sicht fairer? Sie haben die Rhetorik in der Frage direkt erkannt.

Nein, natürlich empfehlen wir in unserem Umfeld Leistungen und Produkte, von denen wir überzeugt sind. Und das ist ja auch gut so, denn diejenigen, denen wir diese Empfehlungen aussprechen, erwarten genau das von uns. Es senkt deren Risiko, eine ungenügende Leistung einzukaufen. Vor allem dann, wenn wir schon einige Zeit eine bestimmte Dienstleistung in Anspruch nehmen oder ein Produkt in Gebrauch haben. In diesem Fall haben diese Personen einen Wissensvorsprung. Sie wissen über die Qualität auch noch nach einigen Wochen des Gebrauchs oder um die Kulanz in einem Garantiefall.

Meist ist die ausgesprochene Empfehlung ein Gefallen, ein bedingungsloser Gefallen, ohne Vertriebsziel oder Provisionsanspruch.

Es ist auch nicht unfair oder unmoralisch, wenn es einen Personenkreis gibt, der aus Netzwerken ausgeschlossen wird. Auch dieses „Phänomen" hat in seinem Wesen nichts mit Networking zu tun.

Es ist doch klar, dass in einem Alumninetzwerk für Ex-Mitarbeiter bei IBM keine Mitarbeiter von SAP aufgenommen werden, wenn diese noch nie bei IBM im Einsatz waren. Männer dürfen auch nicht am Donnerstagnachmittag in die Frauensauna und Mädchen nicht ins Jungeninternat. Dieser Tatbestand ist aber nicht einer eventuellen Schattenseite des Networking zuzuschreiben, es handelt sich um die völlig normale Steuerung von Netzwerken. Vielleicht ist dies aber auch einer der Gründe für all die negativen Bezeichnungen über Networking, denn jeder von uns wird irgendwann einmal irgendwo dazugehören wollen, aber nicht dürfen. Die

Enttäuschung ist verständlich, aber solche Regeln machen aus Netzwerken keine unseriösen Geheimbünde.

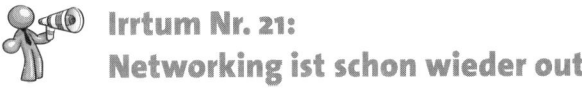

Irrtum Nr. 21:
Networking ist schon wieder out

Es war nie in.

Sollte die These stimmen, dass Networking so alt ist, wie die Menschheit selbst, dann wird Networking immer „in" gewesen sein, auch zu einer Zeit, in der man nicht jede Woche eine In-and-Out-Liste in Steinplatten gemeißelt hat (es hätte wahrscheinlich zu lange gedauert). Machen sich heute die Menschen Gedanken über die Frage ob Networking eher „in" oder „out" ist, kann man dies getrost unter Energieverschwendung buchen. Im Kern ist Networking kein klassisches Trendthema. Diejenigen, die es begriffen haben, werden immer einen Teil ihrer Aktivitäten in den Aufbau von Netzwerken stecken. Egal, ob dieser Aufbau kurzfristig wirtschaftlich notwendig ist oder nicht. Wenn jedoch in wirtschaftlich schwierigen Zeiten plötzlich alle auf den Zug „Networking" aufspringen und jeder im Networking seinen Strohhalm für verpasste Akquisemöglichkeiten und schlechte Unternehmenssteuerung sieht, dann mag diese Situation zumindest wie ein Hype erscheinen, der ein vermeidlich neues Trendthema zu Tage gebracht hat. Dieser Hype mag möglicherweise die Zahl der interessierten Netzwerker dramatisch erhöhen, aber dennoch bleibe ich dabei: Netzwerken löst in schwierigen Zeiten nicht die Wirtschaftsprobleme von gestern. Zudem verkommt Netzwerken als Modethema für den schnellen Erfolg schnell zu einer Akquiseschlacht, wenn im Hype mit Druck versucht wird, den schnellen Erfolg zu generieren. Netzwerken ist nicht der Zug, auf den Sie schnell aufspringen können und alle wirtschaftlichen Probleme sind im Vorbeirauschen gelöst. Dennoch sollten Sie aufspringen, wenn Sie noch nicht mitfahren. Aber den Job, den Sie vor Wochen verloren haben, den bekommen Sie nicht mal eben so mit Networking wieder zurück.

Trends gehen, Networking bleibt

Zukunftsprognosen aus den Datenreihen der Vergangenheit abzuleiten, hat schon prominente Irrtümer außerhalb dieser 77 Irrtümer zu Tage gefördert. Die Chance auf Rot am Roulettetisch ist bei jedem Spiel gleich, auch wenn Schwarz schon 9-mal hintereinander dran war. Dennoch wage ich an dieser Stelle eine Zukunftsprognose: Networking wird auch in der Zukunft nicht an Attraktivität verlieren. Sie werden keinen adäquaten Ersatz für ein Netzwerk finden, auf welches Sie in guten wie in schlechten Zeiten zugehen können. Zudem macht es keinen Sinn, permanent nach neuen Methoden und Modellen zu suchen, wenn es Methoden gibt, die uneingeschränkt erfolgreich sind und denen man zudem eine hohe Effektivität zuschreiben kann. Damit sollen Sie natürlich nicht zu einem Veränderungsgegner werden. Sich hier und da mit Innovationen und der Zukunft zu beschäftigen, hält den Geist in Form – nur sollten Sie neue Methoden nicht gegen Networking eintauschen. Neue Methoden kommen und gehen. Networking bleibt!

Somit unterliegt Networking im Grunde keinen Trends. Networking gab es schon immer und wird es immer geben. Einzig der Lärm, der um Networking gemacht wird, ändert sich von Zeit zu Zeit.

Gerade in der heutigen Zeit, in welcher der wirtschaftliche Druck wieder steigt, suchen die Menschen nach Auswegen und Lösungen. Da kommt doch die Strategie „Networking" mit der man scheinbar mit Leichtigkeit seine vertrieblichen Ziele erreichen kann gerade recht. Die Kehrseite der Medaille: Mit schlechtem Networking werden jedes Jahr auch Millionen von Euro verbrannt, ebenso wie mit schlechter Akquise. Zusätzlicher Lärm rund um das Thema Networking kommt vom Arbeitsmarkt. 25 % der Arbeitnehmer sind noch kein Jahr bei Ihrem aktuellen Arbeitgeber beschäftigt, 50 % weniger als fünf Jahre. Der Wechsel von Mitarbeitern findet immer schneller statt. Zudem kommen immer mehr Projektarbeiter auf den Arbeitsmarkt, die wie Job-Nomaden von einem Projekt zum nächsten wandern. Auch für diese Menschen wird es zunehmend wichtiger, auf ein funktionierendes Netzwerk zurückgreifen zu können. Zunehmenden Lärm vernehmen wir von einem Medium, welches schneller wächst als alles andere, was wir zuvor erlebt haben: das Internet. In Amerika sind es bereits 12% der Ehepaare, die sich Online über Communities kennengelernt haben. Weltweit stellen wir Google jeden Monat 31 Billionen Fragen (2006 waren es 2,7 Billionen Fragen) und man darf sich zu Recht fragen, wer vor Google die Antworten geliefert hat.

38 Jahre hat es gedauert, bis das Radio 50 Millionen Menschen erreicht hat; das Fernsehen brauchte nur noch 13 Jahre und mit dem Internet verkürzte sich die Zeit auf nur vier Jahre, was längst nicht den aktuellen Rekord festschreibt, denn der iPod brauchte nur noch drei und Facebook nur zwei Jahre! In den 365 Tagen des Jahres 2009 wird mehr Content produziert als in den 5000 Jahren zuvor. Wenn es einen Grund gibt, warum das Thema Networking derzeit einen solchen Hype erlebt, dann hat es garantiert auch mit dem rasanten Wachstum des Internets zu tun. Umfragen bestätigen, dass Social Communities im Netz von den Usern bereits zum zweiwichtigsten Feature im Internet erkoren wurden. Der Content, der in Communities wie Twitter oder Facebook eingestellt wird, wird heute bereits in klassischen Medien wie Zeitungen (denken Sie nur an die *Welt kompakt*, die Twitter-Texte des Tages auf deren Titelseite schreibt) oder im Fernsehen zitiert (zum Beispiel, wenn in einer Nachrichtensendung die Twitter-Posts des amerikanischen Präsidenten erwähnt werden).

Doch auch bei diesem Irrtum, mit dem sich der Eine oder Andere eher despektierlich über das Networking äußert, schwingt ein gewisser Frust im Unterton mit.

Networking ist natürlich genau dann out oder funktioniert auf keinen Fall, wenn Sie etwas mit Druck schaffen wollen oder sogar müssen. Mit diesem Druck, zu einem bestimmten Zeitpunkt einen Vertriebserfolg haben zu müssen und diesen dann über den schnellen Aufbau eines Netzwerkes zu erreichen, ist beinahe eine Art Himmelfahrtskommando. Geht die Sache schief, liegt es natürlich am Thema Networking. Folglich ist Networking: out!

Wenn Sie noch nicht begonnen haben, dann starten Sie so schnell wie möglich mit Networking. Wenn Sie die Interviews in diesem Buch alle gelesen haben, dann werden Sie feststellen, dass dies keine isolierte Einzelmeinung von mir ist. Meine Empfehlungen zu einer Kombination von Vertriebszielen und Networking kennen Sie bereits, soll aber nicht bedeuten, dass Sie von Zielen einen gänzlichen Abstand nehmen sollten. Das Ziel, zu bestimmten Menschen über das Networking einen Kontakt aufzubauen, gehört zu den brauchbaren Zielen des Networking. Sie können auch planen, was Sie mit dem Aufbau eines Netzwerkes generell erreichen wollen, sozusagen das übergeordnete Ziel. Wenn in Ihre Überlegungen dann auch noch einfließt, was Sie für den Aufbau eines Netzwerkes aufzuwenden bereit sind, ist auch dagegen nicht das Geringste einzuwenden. Lassen Sie in dieser Planung jedoch einen festen Terminplan außen vor. Wenn Sie etwas Bestimmtes zu einem bestimmten Zeitpunkt erreicht haben wollen, dann ist genau das ein Ziel, welches mit einem Networking-Ansatz eher schief geht. In diesem Fall sollten Sie einen der klassischen Wege einschlagen: Akquise!

Interview mit Prof. Dr. Michael Bernecker
Geschäftsführer DIM Deutsches Institut für Marketing GmbH

Ich bin Netzwerker, weil ...
... ich glaube, dass erfolgreiche Menschen ein großes Netzwerk haben.

Ich bin Netzwerker seit ...
... 1990.

Im Buchtitel dreht es sich um Irrtümer und Networking. Was ist aus Ihrer Sicht der größte Irrtum im Umgang mit dem Thema Networking?
Viele Menschen setzen Networking mit Vertrieb gleich. Sie glauben tatsächlich, dass man nur genug Menschen anquatschen muss, um einen Auftrag zu holen.

Warum würden Sie sich selbst als Netzwerker bezeichnen?
Weil ich Kontakte pflege.

Wann sollte man mit dem Netzwerkaufbau beginnen?
Sofort

Was ist Ihr Networking-Highlight?
Habe auf diese Weise meine Frau kennengelernt!

ONLINE-Networking versus OFFLINE-Networking, welcher Netzwerktyp sind Sie?
Sowohl als auch. Suchen Sie mich doch einmal unter XING.de

Wie viel Networking braucht der Mensch?
Soviel wie geht! Vitamin B ist nur für den schlecht, der keines hat.

77 Irrtümer, und was ist Ihr ultimativer Tipp für erfolgreiches Netzwerken?
Nicht nerven! Wer was zu sagen hat, wird gefragt!

Kapitel 7
Networking 2.0

 Irrtum Nr. 22:
**Erst das Internet und die neuen Communities
ermöglichen effektives und effizientes Networking**

 Irrtum Nr. 23:
**Das Internet mit seinen Möglichkeiten ist ein
Synonym für Networking**

Jein!

Kennen Sie den Film „Und täglich grüßt das Murmeltier"? Wenn ja, werden Sie verstehen, warum ich es an dieser Stelle gerne vermeiden möchte, wieder über den Tatbestand zu schreiben, dass Networking so alt ist wie die Menschheit.

Der aktuelle Hype über Networking an sich und die rasant wachsenden Netzwerke im Internet verleiten natürlich schnell dazu, beides miteinander in Verbindung zu bringen und einen Kausalzusammenhang abzuleiten.

Abbildung 9: Internet-Communities alleine reichen nicht aus

In der Tat verbreiten sich Internet-Communities, wie jüngst das Netzwerk wer-kennt-wen.de, wie ein Lauffeuer. In einem guten Jahr ist dieses Netzwerk von einer Million auf ca. 5,5 Millionen Mitglieder angewachsen und hat andere Netzwerke hier in Deutschland, die schon deutlich früher gegründet wurden, mit Leichtigkeit überholt. Übrigens, die Gründer wären damals angeblich damit zufrieden gewesen, ihr Netzwerk auf 4.000 Mitglieder wachsen zu sehen. Es hat jedoch einige Zeit gedauert, bis diese Community den sogenannten Tipping Point überwunden hatte. Ab diesem Zeitpunkt war das exponentielle Wachstum der Internet-Community nicht mehr zu bremsen. Solche Effekte finden wir in den letzten Jahren immer weder im Internet. Sei es, wie im hier beschriebenen Beispiel für das Wachstum einer Community oder der Abruf von Videos bei Sevenload. Plötzlich steigen die Abrufzahlen enorm an, der Tipp, sich ein bestimmtes Video anzusehen, rast durch das Netz. Und auch hier haben Social Communities dabei geholfen, virale Effekte deutlich zu beschleunigen. Früher musste man die Information über einen lustigen oder spannenden Clip im Internet per Mail verschicken. Bei weitem nicht der einfachste Weg – auch, wenn man die E-Mail an mehrere Empfänger schicken kann. Bei Twitter reicht ein Link und eine ausreichende Zahl an sogenannten Followern. Und was bei Twitter der Tweet ist, ist bei XING die Statusmeldung. Eine Meldung und ein riesiger Empfängerkreis können der Startpunkt für einen viralen Hype bedeuten. Und auch die Netzwerke selbst können über diese viralen Effekte ein Wachstum erlangen, welches mit tradierten realen Netzwerken nicht zu schaffen ist. Dennoch hat dieser Tatbestand zunächst natürlich nichts mit Networking an sich zu tun.

Zwei Drittel der Internetnutzer sind Mitglied in einer Social Community

Wenn Sie glauben, dass Social Communities etwas für die Zielgruppe Kids & Co. sind, irren Sie sich gewaltig. Laut einer Studie der ForschungsWerk GmbH aus dem April 2009 sind bereits beinahe zwei Drittel aller Internetanwender über 18 in mindestens einer Community Mitglied. Bei den 18- bis 29-jährigen sind es sogar 90 % und bei den über 50-jährigen sogar 43 %, also beinahe jeder zweite in dieser Zielgruppe. Wohlbemerkt, wir reden nicht von Internet-Usern, sondern von Community-Mitgliedern. Interessant in diesem Zusammenhang, ist die Tatsache, dass die beliebteste Community bei den Befragten mit 27 % StayFriends ist, also eine Community, die Schuljahrgänge wieder zusammenbringen will und damit einen klaren Nutzen und eine hohe Offline-Verknüpfung hat. Dennoch bekommt StayFriends in der Studie den niedrigsten in-Faktor. Twitter jedoch belegt momentan Platz 1 was den in-Faktor betrifft, hat aber die niedrigste Nutzungsintensität bei den Befragten.

Communities aus der Sicht der Betreiber

Bei all den Erfolgszahlen über das Mitgliederwachstum, das Wachstum der Zugriffszahlen und der Nutzungsdauer gibt es derzeit wohl kaum ein Unternehmen, welches nicht über die Gründung einer Social Community im Netz nachdenkt. Selbst Unternehmen, die bisher das Web 2.0 völlig verpennt haben, versuchen in allerletzter Minute, auf den Zug aufzuspringen. Man darf gespannt sein, ob sie den Sprung auch schaffen.

Und wenn man dann jüngst Communities, wie zum Beispiel die des Roten Kreuzes (haben erst kürzlich eine Community für Blutspender ins Leben gerufen: www.blutspender.net) entdeckt, wird klar, dass der Hype auch seine Opfer bringen wird und es nach Konsolidierung riecht.

Web 2.0 braucht das Business 1.0

Der Effekt ist vor allem für die Betreiber und Initiatoren von Netzwerken ein „nice to have", lässt sich aber selten gezielt steuern. Leider gibt es keine betriebswirtschaftliche Anleitung, die – wenn alle Schritte penibel eingehalten wurden – in jedem Fall zum ersehnten Tipping Point führt. Zudem können Netzwerke im Internet so schnell wieder verschwinden, wie sie entstehen. Ein virtuelles Netzwerk dauerhaft zu etablieren braucht zusätzlich einen Vertrauensfaktor: die reale Verbindung. Um ein wenig „Old Economy" werden wir also niemals zu richtig herumkommen.

Erst die Tatsache, dass die Mitglieder einer Internet-Community sich mit Menschen verknüpfen können, die sie ohnehin kennen oder auch real treffen können, erhöht den Vertrauensfaktor einer Community, denn das Wesen des Networking findet beinahe ausschließlich im realen Leben statt. Oder reicht Ihnen eine rein virtuelle Freundschaft als Ergebnis Ihrer Mitgliedschaft auf einem der unendlichen vielen Dating-Portalen. Das Ziel ist die Bekanntschaft, oder?

Diese Tatsache erkläre ich gerne mit einem Bild. Eine Internet-Community ist im Grunde eine Software, die deren Mitglieder und deren Verknüpfungen zu anderen Mitgliedern in der Community sichtbar macht. Nehmen wir an, diese Software ist ein riesiger Glaszylinder. Die Steine dort drin sind die Mitglieder. Natürlich gibt es zwischen den Steinen den einen oder anderen Berührungspunkt, das heißt die Verknüpfungen der Steine untereinander. Zerbricht das Glas um die Stein-Community – verschwindet also die Community im Internet – dann fliegen die Steine auseinander, da sie außer der Hülle keine oder nur eine sehr schwache Verbindung hatten. Schütte ich nun aber eine klebrige Masse zwischen die Steine, so entstehen feste Verbindungen. Und diese Masse, die in diesem Bild die Steine zusammenhält, ist im realen Leben der persönliche Kontakt. Der Offline-Kontakt-Klebstoff.

Würde heute das eine oder andere Netzwerk im Web verschwinden, dann würde das für die realen Kontakte der Mitglieder untereinander keinen

Unterschied machen. Der reale Kontakt ist nicht abhängig davon, ob es eine gemeinsame Online-Community gibt. Die rein virtuellen Kontakte sind jedoch so gut wie verloren.

Dennoch ist es gut, dass das Internet bei der Version 2.0 angekommen ist und Social Networks zu Tage gebracht hat. Diese Communities machen den Netzwerkaufbau deutlich leichter als dies noch vor Jahren der Fall war. Wenn Sie es wollen – und nur dann – zeigen diese Communities Ihre Zugehörigkeit zu Netzwerken, Interessengebieten, Hobbys und sportlichen Aktivitäten. Sie finden Gleichgesinnte und, noch viel besser, Gleichgesinnte finden auch Sie.

Der Kontakt, den Sie um einen großzügigen Gefallen bitten könnte, der ehemalige Kommilitone, der Ihrer Tochter einen Job organisieren kann, und der Berufsstarter, der durch Sie an eine Ausbildungsstelle gelangt – das alles sind Kontakte, die Sie im realen Leben getroffen haben und sozusagen in Ihr persönliches Netzwerk aufgenommen haben. Für all dies brauchen und brauchten Sie kein Internet und auch keine soziale Internet-Gemeinschaft. Und dennoch haben Sie mit dem Internet ein gewaltiges Werkzeug in der Hand, um diese Netzwerksituationen schneller zu erreichen und die Frequenz deutlich zu steigern. Mein Tipp: Lassen Sie sich nicht zum Instrument des Internets machen, sondern nutzen Sie das Internet konsequent dafür wofür, es da ist, als Werkzeug für Ihre Belange und Aktivitäten.

Irrtum Nr. 24:
In virtuellen Netzwerken gelten andere Regeln

Irrtum Nr. 25:
Etikette ist nur etwas für reale Netzwerke

Irrtum Nr. 26:
Soziale Kompetenz wird in virtuellen Netzwerken nicht gefordert

Ein fataler Irrtum!

Sicherlich gelten in virtuellen Netzwerken andere Regeln. Nicht jedoch in Bezug auf Ihre soziale Kompetenz und damit den Umgang mit diesen Themen:

- Kommunikation,
- Etikette und
- Umgangsformen.

Nicht, dass ich der Meinung wäre, außerhalb von Online-Communities wäre die Welt noch in Ordnung. Mangelhafter Umgang miteinander und schlechte Kommunikation findet man an jeder Ecke. Sie brauchen nur Augen und Ohren offen halten, dann können Sie nach 12 Stunden in öffentlichen Verkehrsmitteln ein ganzes Drehbuch mit dem Titel „Kommunikationswüste Deutschland" schreiben. Kreativ brauchen Sie beim Schreiben nicht zu sein. Zuhören reicht. Warum sollte die Kommunikationswelt im Internet plötzlich ganz anders verlaufen und völlig in Ordnung sein? Denken Sie nur an die weiter oben gemachte Aussage zur Gauß'schen Normalverteilung. Das Internet ist ein Querschnitt der realen Welt. Wenn jemand im realen Leben seine Schwierigkeiten mit wertschätzender und zielführender Kommunikation hat, dann wird er diese Kommunikation auf sein Internetleben übertragen. Schlimmer noch, durch die geglaubte Distanz zum Gegenüber legen die Protagonisten in Communities meist noch ein Schüppchen an mangelhafter Kommunikation oben drauf.

Das mag auf den ersten Blick für die Schul- und Studenzeit und das Leben bei SchülerVZ und Facebook völlig egal sein, bedeutet für den Kommunikator jedoch ein jähes Ende, wenn der Personalchef beim ersten Bewerbungsgespräch einige Ausdrucke seiner Forenbeiträge in den Gruppen „Dumme geldgeile Arbeitgeber" oder „Mein Arbeitgeber ist ein Arsch" (ja, die gibt es wirklich und es geht noch deutlich schlimmer) auf den Tisch legt. Mir sagte vor einiger Zeit ein Personalchef, er bräuchte im Grunde gar keine Bewerbungsunterlagen mehr. Das Internet würde ihm zumindest dafür reichen, um zu erkennen wer nicht in sein Unternehmen passt. Da hilft nur eins: Erst das Gehirn einschalten und dann die 10 Finger über die Tastatur sausen lassen. Das kann Wunder bewirken. Und so wird mir persönlich auch klar, warum es damals bei der Bundeswehr sogar eine Dienstvorschrift im Umgang mit Beschwerden gab: Zwischen dem Beschwerdefall und der Beschwerde muss eine Nacht liegen. Die Vorschriftautoren wussten warum. Aus heutiger Sicht eine echte Fürsorgeleistung für kommunikative Tiefflieger mit Ambitionen zu Überreaktionen.

Abbildung 10: Kommunikationsregeln sind etwas für Warmduscher

Wenn Sie das Gelesene dann noch mit der Datenkralle Google, dem Gedächtnis des Internets, kombinieren, dann sollte sich zumindest bei den Autoren in den oben genannten Foren die Miene versteinern. Aber nein, die meisten machen munter weiter. Was interessiert mich mein virtuelles Geschwätz von gestern, scheint die Devise einiger Mitglieder dieser Gruppen zu lauten.

Sie glauben, mit dem Alter und der Berufserfahrung kommt die kommunikative Weisheit von ganz alleine. Weit gefehlt. Sehen Sie sich mal in den Foren der einschlägigen Business-Communities um. Sie werden staunen und den Kopf schütteln, denn da geht es munter weiter. Hier lautet das Motto der Vertriebsleute anscheinend, „Auftrag ausgeschlossen" und Arbeitssuchende geben durch die Blume bekannt: „Anstellungsvertrag unerwünscht"!

Aber nicht nur bei den im Netz eingemeißelten Beiträgen für die Nachwelt scheinen manche zu meinen, dass überlegte Kommunikation etwas für

Spießer ist, auch in der bilateralen Kommunikation per Chat oder E-Mail muss sich der Leser sehr oft wundern. Da wird man geduzt, nur weil man im gleichen Online-Netzwerk Mitglied ist, da werden Kontakte angefragt mit einem Smiley, drei inhaltslosen Punkten und sonst nichts. Die Anfrage

Eine kleine Sammlung live erlebter kommunikativer Irrtümer

Bei der Kontaktaufnahme: „:-)" oder „...", sonst nichts.

Ohne Anrede, ohne Grund und damit ohne Nutzen: „Guten Tag, ich würde Sie gerne meinen Kontakten hinzufügen. Grüße Vorname Nachname"

Paste and copy? „Würde mich freuen Sie als Kontakt zu gewinnen"

Unworte bei der Kontaktaufnahme sind für mich in den letzten Jahren zudem

Synergien,
Win, Win, oder besser noch Win, Win, Win und
Kooperation

geworden, da es bei Nachfrage in der Regel darum ging, dass ich einen Zugewinn durch eine Leistung, die ich bei dem Anfragenden hätte einkaufen müssen, erhalten sollte. Oder aber ich sollte durch die Kooperation meinen Mitgliedern mal etwas wahrlich Gutes tun, indem ich denen die Produkte des Anfragenden anbiete. Von Synergie oder Kooperation waren 95 % der Anfragen jedoch weit entfernt.

Im normalen Posteingang: Start, Anrede, „es wäre schön, wenn Sie im nächsten Newsletter mein neues Buch vorstellen. LINK", Grüße, Ende.

Ich verknüpfe oft und gerne Kontakte miteinander, aber nach dieser Anfrage: „Hallo Herr Hahn, könnten Sie mich Herrn Müller vorstellen. Gruß ..." vergeht sogar mir die Lust.

kommt wohlbemerkt von einer Person, die dem Kontaktierten völlig fremd ist. Ist das schon Kommunikation 3.0? Ich liebe Wandel und den technischen Fortschritt. Aber wie sagte der Vorstandsvorsitzende einer großen Sparkasse einst: „Seit ich nur jeden dritten Quatsch mitmache, sind wir richtig erfolgreich unterwegs". In diesem Sinne dürfen wir uns gerne ein paar Tugenden der „Old Economy" bewahren und diese anwenden.

Sie kennen die Regel: Kommuniziere so mit anderen Menschen, wie du es im Gegenzug von Ihnen erwartest. Doch wer weiß schon, mit welcher Erwartungshaltung die Kommunikationsdilettanten im Netz unterwegs sind. Das könnte der Beginn einer negativen Kommunikationsspirale sein.

Bei den Themen Kommunikation und soziale Kompetenz werden leider auch die Gefahren des Internet sichtbar. Wenn diese Tugenden im Web leider draußen bleiben, dann kann die Euphorie über schnelle Geschäfte, neue Kontakte und wirtschaftlichen Aufschwung schnell an Fahrt verlieren. Ihr potenzieller aber zunächst virtueller Businesskontakt erwartet von Ihnen die gleiche Kommunikation wie über den klassischen Weg, vorbei an der Vorzimmersekretärin, das erste Telefonat zur Terminvereinbarung oder das Finish beim Business-Lunch im Wirtschaftsclub, sozusagen Akquise 1.0. Wenn Sie da patzen, sind Sie raus. Und wenn Sie im Internet patzen, sind Sie auch raus. So einfach ist das. Und gerade wegen einer gewissen Anonymität und Distanz im Netz müssen Sie bei der Wahl der Worte überlegter vorgehen, als im Livekontakt.

Von der Kaltakquise zur Lauwarmakquise, das Web macht es möglich

Natürlich macht das Internet die generelle Kontaktaufnahme leichter, da die Hürde des Vorzimmers nicht überwunden werden muss. Wenn der Vorstand meines zukünftigen Auftraggebers nun mal im gleichen Netzwerk wie ich Mitglied ist, dann hat er gefälligst auch meine Akquisemail hinzunehmen. Ich nenne das auch gerne Lauwarmakquise, denn mit seiner Mitgliedschaft hat er einer Kontaktaufnahme konkludent zugestimmt und kann per se nicht sagen, Sie sollen ihn in Ruhe lassen. Aber über Form und Inhalt der Mail lässt sich eben nicht streiten. Und noch ein Tipp an den Akquisiteur, auch wenn der aus Ihrer Sicht potenzielle Kunde im gleichen Netz unterwegs ist: Bedenken Sie, dass dies all die anderen Mitglieder auch so sehen. Wenn so ein Mitglied fünfmal am Tag eine plumpe Akquisemail im Postfach hat, dann werden zukünftige Mails ungelesen in den Papierkorb geschoben. Mit dieser Perspektive Ihres Mailempfängers sollten Sie den Text dreimal überdenken, bevor Sie die Mail abschießen. Abschießen? Ja, mit Mails und gesprochenen Worten ist es ja so wie mit einem Pfeil. Zurückholen ist unmöglich!

Die Mitglieder einer Business-Community sind Mitglied in einem Netzwerk geworden, also ist Networking auch ausdrücklich erlaubt. Diese Mitglieder gehen jedoch in der Regel nicht davon aus, in einem Akquisenetzwerk (die gibt es tatsächlich, aber dazu mehr im Kapitel 11) aufgenommen worden zu sein. In einem Netzwerk wie XING steht nirgends geschrieben, dass jeder jedem etwas verkaufen darf, soll oder muss. Fazit: Networking erlaubt, Akquise verboten.

Und jetzt wird es schwierig, sogar schwieriger als in realen Netzwerken. Der Small Talk und die geschickte unaufdringliche Kontaktaufnahme im Netz erfordert einen viel höheren Grad an professionellen und messerscharfen Formulierungen als bei einem realen Kontaktgespräch, denn die kommunikativen Reparaturkits Gestik, Mimik und die Stimme fehlen gänzlich. Nach wie vor entscheidet der Empfänger in einer bidirektionalen Kommunikationssituation, wie diese Kommunikationsmittel bei ihm angekommen sind. Was er zwischen den Zeilen heraushört oder liest, ist für den Absender schwer zu steuern. Und dennoch, die Verantwortung für gute Kommunikation liegt immer beim Sender der Botschaft (dem kommunikationsinteressierten Leser seien die Kommunikationsaxiome nach Paul Watzlawick und dessen Literatur zur Lektüre empfohlen. Sie wissen ja, der Trend geht zum Zweitbuch).

Zurück zur Kommunikation im Web. Angebote wie „Ich sehe bei der Betrachtung Ihres Profils durchaus Synergien und freue mich über Ihre Kontaktbestätigung", sind leere Worthülsen ohne Sinn und Mehrwert. Vor allem, wenn der Empfänger die Synergie darin vermutet, dass er eine Leistung bezahlen soll und der Sender zufälligerweise Anbieter dieser Leistung ist. Weitere Reizformulierungen, mit denen Sie Ihre Kontaktpartner ärgern können, da diese solche Formulierungen mindestens einmal pro Woche in Ihrem Mailpostfach finden, sind:

„Was halten Sie davon, wenn ich Ihnen eine echte **Win-Win**-Situation anbiete?"

Oder:

„Wir sind ein mittelständisches Unternehmen und würden gerne mit Ihnen **kooperieren**."

Das in diesen Zeilen offensichtliche „Du mein neuer Kunde, ich Dein Verkäufer" kann greller und deutlicher kaum rüber kommen.

Irrtum Nr. 27:
Internet ist anonym und macht Networking unmöglich

Promote yourself!

Networking funktioniert im Kern nur im realen Leben, sozusagen in Full-HD
und Farbe. Der Irrtum indes ist sehr hart und kompromisslos formuliert.

Aber eins nach dem anderen.

Ist das Internet wirklich so anonym? Es gibt Menschen, die warnen sogar
vor dem Gegenteil. Unter der Überschrift „Der gläserne Mensch" werden
die Internet-User gegenüber der Veröffentlichung persönlicher Daten im
Netz sensibilisiert und sicherlich gibt es Tendenzen, die einen erschre-
cken lassen. Es ist natürlich praktisch, auf einer Straßenkarte meines Handys zu sehen, welche meiner Kontakte sich gerade in meiner Nähe befinden. Und was spricht dagegen, wenn der blinkende Punkt auf meinem
Handy meinen besten Freund kenntlich macht, der nur zwei Straßen weiter durch die Gegend zieht. Was spricht gegen diese „Innovation", wenn er
hierzu seine Einverständniserklärung abgegeben hat und ich mich jetzt
auf den Weg mache, ihn zu überraschen. Immer in der Hoffnung, er will
auch überrascht werden, denn ich sehe ja leider nicht den anderen blin-
kenden Punkt, der meine Freundin an seiner Seite signalisieren würde.
Die kriminellen Chancen dieses Szenarios, das übrigens keine Web-2.0-
Science-Fiction-Anwendung ist, lassen jeden erschrocken aufhorchen,

denn diese Anwendung auf neuen webfähigen Handys ist bereits marktfähige Realität.

Wie die Irrtümer in diesem Buch hat die Öffentlichkeit der eigenen Person im Netz aber auch zwei Seiten. Die gläserne Seite, auf der das Verhalten, die Bewegungen im Netz und auch im realen Leben erschreckend transparent gemacht werden und die andere Seite, mit der man gezielt und geschickt an seiner persönlichen Reputation arbeiten kann. Ohne böse Hintergedanken.

Entscheidungsfaktor Online-Reputation

So können Sie Ihre Kompetenzen unter Beweis stellen, Arbeitsstücke im Netz präsentieren und im Sinne des Themas Ihr Netzwerk und Ihre Zugehörigkeiten zu Netzwerken anderer Usern zeigen. Die Reputation steigt zudem, wenn diese User Sie und Ihre Leistungen im Netz bewerten und es dem interessierten Leser somit ermöglichen, sich einen Eindruck von Ihnen zu verschaffen.

Im wahren Leben zeigen Sie durch die Mitgliedschaft in einer Golf-Community, wie bei mygolf.de, dass Sie Golfspieler sind. Über Ihr Profil erhält der Leser zudem weitere Informationen über Sie als Golfer. Alles andere als anonym und das Gegenteil von netzwerkfeindlich, denn nun kann Ihnen ein weiterer Golfer und Mitglied dieser Community schreiben, dass er in der kommenden Woche in Ihrer Region ist und gerne mit Ihnen eine Runde über das Grün drehen möchte. Er hat in einer für ihn fremden Region einen Golfpartner gefunden, von dem er sich schon im Netz ein Bild machen konnte. Für Sie beide bietet sich so die Chance, nach Loch 16 einen weiteren Kontakt in Ihrem realen Netzwerk begrüßen zu können. Erst online, dann offline. Mit einem „Ich bestätige nur Kontakte, die ich bereits kenne" wäre es soweit erst gar nicht gekommen.

Das gemeinsame Thema bringt Sie über das Internet zusammen. Eine erste Kontaktaufnahme per Mail, dann ein erstes Telefonat und der erste persönliche Termin auf dem Golfplatz. Das Internet macht Networking unmöglich? Die Beispiele für Internet-Communities an der Schnittstelle zwischen der realen Welt und dem World Wide Web lassen sich beliebig fortsetzen und verfeinern. Es gibt Netzwerke für Ärzte im Allgemeinen und für Gastroenterologen im Speziellen. Es gibt Netzwerke für alle Frauen und für Schwangere, für Sportbegeisterte und Fußballfans und für alle Netzwerke, die es heute noch nicht im Netz der Möglichkeiten gibt, werden bestimmt gerade garantiert von irgendeinem Java- oder PHP-Entwickler in einem abgedunkelten Raum bei viel Kaffee und Junkfood die ersten Zeilen Programmcode „gebaut".

Und wieder ein Irrtum weniger?

Tipp: So arbeiten Sie an Ihrer Online-Reputation

Es gibt viele Möglichkeiten, wie Sie ein positives Bild von sich im Internet aufbauen können. Das beste Ergebnis ist natürlich, wenn Dritte ein positives Feedback über Sie abgeben. Aber bevor dies geschieht, müssen Sie sich sichtbar machen.

In Fachforen können Sie beispielsweise kompetent mitdiskutieren und auch hier akquisearm auf sich aufmerksam machen. Einen Auftrag durch einen Leser bekommt der Fachmann nicht, wenn er nur schreibt er sei gut, aber im Ergebnis mit seinem Wissen hinter dem Berg hält.

Ihre Aktivität in virtuellen Netzwerken wird in der Regel auch beobachtet und führt hier und da zu einer positiven Bewertung. Nicht zuletzt wird in speziellen Netzwerken auch Ihr Leben in der realen Welt bewertet.

In Communities wie LinkedIn können Mitglieder über andere Mitglieder Bewertungen abgeben. Das Feedback von Dritten über ein Mitglied kann dann wiederum eine andere Person lesen und sich so ein Bild über jemanden machen. Je mehr Bewertungen abgegeben wurden, umso höher ist die erzielbare Reputation der Person im Netz. In den USA gibt es Portale, wie zum Beispiel iKarma, bei denen es im Kern nur um das Karma (die Reputation) der Mitglieder geht. Die User bei iKarma geben dort an, wo sie im Netz zu finden sind und können von anderen bewertet werden. Je mehr und je besser die Bewertungen ausfallen, desto besser das Karma. In Deutschland geht zum Beispiel das Portal MyonID in eine ähnliche Richtung.

Damit die ersten Bewertungen ins Rollen kommen, dürfen Sie übrigens gerne auf Menschen in Ihrem Umfeld zugehen und um eine Bewertung bitten. Dann aber bitte nicht mit einer Mail, so wie ich sie kürzlich erhalten habe: „Hallo, freue mich über eine 5 Sterne-Bewertung von Ihnen. Sollten Sie nur zu einer 4 Sterne Bewertung neigen, dann sehen Sie von einer Bewertung ab oder geben sich einen Ruck auf einen Stern mehr. Im Internet ist eine 4 Sterne-Bewertung schon sehr schlecht."

So bitte nicht!

Noch besser ist es natürlich, Sie schreiben ohne Aufforderung des anderen ein Feedback über ihn, oft kommt anschließend etwas zurück.

 Irrtum Nr. 28:
Die besten Internetnetzwerke sind die mit möglichst vielen „Networking"-Funktionen

Keep it simple!

Die erfolgreichsten Internetseiten kommen mit sehr wenigen Funktionen aus. Nehmen Sie nur die Suchabteilung bei Google. Im Grunde beschränkt sich die Seite auf ein einziges Eingabefenster, mehr nicht (Sieht man einmal von dem gewaltigen Rechen- und Suchaufwand auf der Seite von Google ab). Warum also sollte dies nicht auch für Social Communities gelten.

Überträgt man zusätzlich das reale Networking-Leben auf das Internet, dann wird außerdem klar, dass Sie die für Sie beste Internet-Community nicht nach dem Funktionsumfang suchen werden. Ihre Wahl entscheidet sich nach dem Nutzen, den Ihnen eine Community bieten kann. Völlig klar, dass der Nutzen positiv mit der für Sie relevanten Zielgruppe korreliert. Und so finden sich Golfer bei mygolf.de, Fußballfreunde bei myfooty.de und Mütter bei netmoms.de. Beinahe jede Woche kommt eine Special-Interest-Community hinzu. Und das ist auch gut so, denn zu jedem noch so spezialisierten Thema macht ein Zusammenschluss von Gleichgesinnten auch Sinn. Einzig die teilweise hohe Anzahl von Communities zum gleichen Thema dürfte den aktuellen Hype nicht überleben. Ganz sicher wird es hier zu einer Konsolidierung kommen, denn mehr als fünf Netzwerke für begeisterte Amateurfußballer werden es schwer haben, die nötige Reichweite und den so wichtigen Traffic zu generieren.

Die Funktionen, die eine solche Community Ihnen als Nutzer bieten sollte, richten sich auch eher an der Zielgruppe und dem gemeinsamen Thema aus und nicht an den allgemein gebräuchlichen Funktionen, die schon alle anderen Plattformen im Netz haben. Ein Mehr an unnötigen Funktionen getreu dem Motto „nice to have" macht eine Community am Ende unübersichtlich und unattraktiv. Zudem leidet die Usability erheblich, wenn eine Plattform mit Funktionen überladen wird.

Online eine Community um sich herum aufzubauen und diese mit Informationen zu versorgen, mit Tipps zu Themen, auf die Sie sich spezialisiert haben, oder einfach nur über das, was Sie persönlich bewegt, ist sehr einfach. Im Grunde ist bereits ein Blog (Internettagebuch) ein gutes Werkzeug für ein solches Vorhaben und einige Blogger haben es auf eine beachtliche Größe einer regelmäßig lesenden Community gebracht. Zwar haben Blogger hier in Deutschland noch nicht die Reichweite und den Status, wie dies in Amerika einigen Bloggern gelungen ist. Jedoch haben auch hierzulande die ersten Blogger eine beachtliche Fangemeinde um sich versammelt. Über eine weitere Community mit nur einer Kernfunktion habe ich bereits zuvor einen kurzen Hinweis gegeben: der Microblogging-Dienst Twitter. Von vielen noch ein wenig belächelt, können Sie dort den Ihnen wohlgesonnenen „Folgern" kurze Nachrichten übermitteln. Das kann beinahe belanglos sein, wenn Sie dort schreiben, dass Sie soeben in ein Taxi gestiegen sind, das kann aber auch eine interessante Fundstelle im Web sein, eine wichtige Fachinformation oder wie es auch Barack Obama gemacht hat: Wahlkampf. Und dabei sei angemerkt, dass Obama und seine Berater Social-Media-Marketing und das Web 2.0 verstanden haben. Alleine bei Twitter folgen über 560.000 Menschen den 140

Zeichen-Nachrichten des amerikanischen Präsidenten. Community-Marketing à la Twitter macht es möglich.

Zeigen Sie, wo Sie Offline zu treffen sind

Eine weitere, mit Auszeichnungen bedachte Community ist Dopplr. Auch hier geht es darum, die Community um Sie herum mit Informationen zu versorgen. In diesem Fall mit der Information, wo Sie gerade sind oder wo Sie in den nächsten Tagen und Wochen sein werden. Wenn jeder im Netzwerk diese Information pflegt, erhalten Sie genau dann, wenn Sie selber dort eingeben, dass Sie in sieben Tagen nach München reisen, die Information, wer sich aus Ihrem Netzwerk zur gleichen Zeit am gleichen Ort aufhält. Ein pfiffiges und sehr schlankes Social Community Tool mit einer perfekten Schnittstelle zur realen Offline-Welt. Auch hier gilt wieder die Regel: Erst online verknüpfen, dann später offline treffen. Damit ist auch Dopplr keine Community mit einem Selbstzweck, sondern ein perfektes Werkzeug für Netzwerker, die das Internet zum Werkzeug ihrer Aktivitäten machen.

Sie sehen, man braucht keine komplexen Portale, um eine Community um sich herum im Netz aufzubauen und mit diesen zu netzwerken. Je nach Zielrichtung ist für jeden etwas dabei. Am Ende nutzen Sie vielleicht eine Handvoll dieser einfachen Tools und zusätzlich ein paar weitere Online-Communities, um Ihr Netzwerkleben auch im Internet zu bestreiten. Im Grunde ist das Verhalten der Nutzer in Bezug zum Community-Leben im Netz gleichbedeutend zu deren Verhalten in der Offlinewelt. Auch dort findet sich der Golfer im Golfclub und nicht im Ballettverein. Zusätzlich zu seinen vertikalen Communities für den Sport und das Hobby ist der Netzwerker dann vielleicht noch Mitglied in einer horizontalen Community für das allgemeine Business. Und auch hier gibt es die Parallele zum Internet. Im realen Leben wird für das allgemeine Business der regionale Wirtschaftsclub vor Ort aufgesucht, im Netz sucht man sich XING für das nationale oder LinkedIn für das internationale Networking.

Im Anhang finden Sie eine beschränkte (denn der Anhang könnte sonst länger werden als dieses Buch) Auswahl an weiteren Web-Communites, ein paar weitere und aktuelle (Stand Juni 2009, was im Juli schon wieder anders aussehen könnte) Netzwerktools im Web. Zudem finden Sie auch noch ein paar Adressen und Hinweise zu regionalen und überregionalen Wirtschaftsclubs. Auch bei der letzten Gruppe hat es in den letzten Jahren ordentlich Bewegung gegeben und dennoch ändert sich bei diesen Clubs nicht so viel wie im Netz.

Interview mit René Griemens
Geschäftsführer IEG – INVESTMENT BANKING

Ich bin Netzwerker, weil ...
ich daran glaube, dass man von jedem Menschen etwas lernen kann.

Ich bin Netzwerker seit ...
... ich meine ersten Freunde auf dem Dreirad kennengelernt habe.

Im Buchtitel dreht es sich um Irrtümer und Networking. Was ist aus Ihrer Sicht der größte Irrtum im Umgang mit dem Thema Networking?
Der größte Irrtum ist zu glauben, dass Netzwerke einen Selbstzweck haben. Erfolgreiche Netzwerker interessieren sich für Menschen, nicht für ihr Netzwerk.

Warum würden Sie sich selbst als Netzwerker bezeichnen?
Weil ich mich für Menschen interessiere und meine Zeit aktiv damit verbringe, auf Menschen zuzugehen und den Kontakt zu Ihnen zu pflegen.

Wann sollte man mit dem Netzwerkaufbau beginnen?
Gar nicht; wenn man offen auf Menschen zugeht, sie mit Respekt behandelt und den Kontakt mit ihnen pflegt, wächst das Netzwerk von alleine.

Was ist Ihr Networking-Highlight?
Jedes Gespräch, in dem ich wieder etwas Neues gelernt habe; jeder Mensch, dem ich eine kleine Hilfe sein konnte.

ONLINE-Networking versus OFFLINE-Networking, welcher Netzwerktyp sind Sie?

Meine Priorität ist auf den Menschen gerichtet und daher offline; Online-Netzwerke sind aber ausgesprochen hilfreich als Kommunikationsmedien und Gedächtnisstützen für den zwischenmenschlichen Kontakt.

Wie viel Networking braucht der Mensch?

Mindestens so viel, dass sie oder er eine Handvoll guter Freunde hat, die helfen, wenn man sie braucht. Maximal so viel, dass er oder sie zu allen Menschen in seinem Netzwerk mindestens einmal im Jahr Kontakt hat.

77 Irrtümer, und was ist Ihr ultimativer Tipp für erfolgreiches Netzwerken?

ZUHÖREN, AUFNEHMEN, ZURÜCKGEBEN!!!

Kapitel 8
Networking und die Wissenschaft

Irrtum Nr. 29:
Networking hat etwas mit den 6 Ecken zu tun

Die Wissenschaft hat nicht immer Recht.

Dennoch kann man der Wissenschaft an dieser Stelle zugute halten, dass bei dem im Jahr 1967 durchgeführten Experiment niemand behauptet hat, dass es als Beweis für irgendwelche Networking-Theorien herhalten sollte. Der Psychologe Stanley Milgram wollte den Verknüpfungsgrad der Menschen ermitteln. Der Grad der Verknüpfung als Ergebnis zu diesem Experiment hat jedoch zunächst nichts mit Networking zu tun.

Jeder kennt jeden über 5,5 Ecken

Im Jahr 1967 wollte der Wissenschaftler Stanley Milgram nachweisen, dass jeder Mensch über eine kurze Kette von Kontakten im Grunde mit jedem anderen Menschen auf der Welt verknüpft ist. Zum Beweis dieser These bat Milgram damals 60 Personen, Informationen per Post an einen einzigen

Menschen in Boston zu versenden. Aber nicht direkt. Die 60 Testpersonen sollten das „Infopaket" an eine bekannte Person versenden, von der Sie annahmen, dass diese der Zielperson näher kommen würde. Am Ende des Experiments, welches in den folgenden Jahren wiederholt und des öfteren auch wissenschaftlich kritisiert wurde, kam die Zahl 5,5 heraus. Wissenschaftler runden ab und auf und so ergab das die Theorie, jeder Mensch sei mit jedem anderen Menschen über maximal 6 Ecken verbunden. Das „small world phenomenon" war geboren. Von den 60 an den Start geschickten „Paketen" kamen jedoch im ersten Experiment nur 3 Pakete an, was dem Experiment die erste deutliche Kritik einbrachte – zu Recht.

Die Community openBC, heute XING, war wahrscheinlich die erste Internet-Plattform, welche für das damals noch im Aufbau befindliche „Soziale Internetnetzwerk" versucht hat, diese Theorie auch optisch darzustellen. Kontakte und die Verbindung zu anderen Kontakten werden dem Mitglied auch heute noch dargestellt. Weitere Communities folgten dem Beispiel und der Theorie von Milgram.

Soviel zu der Theorie, wie man die Verknüpfungen von Menschen untereinander in sozialen und realen, aber auch in virtuellen Netzwerken optisch aufbereitet darstellen kann. Aber in Bezug auf das Networking bleibt es eine nette Theorie. Sozusagen ein theoretischer Irrtum in Bezug auf Networking. In Netzwerken haben die Kontakte ab dem 3. Grad eine nur noch sehr geringe Relevanz, ab dem 4. Grad ist der Bezug zum Thema Networking nicht mehr gegeben. Und bitte, was hilft es Ihnen, wenn Ihnen jemand über dies Experiment beweist, dass Sie über nur sechs Ecken mit Frau Merkel, Herrn Obama oder dem Dalai Lama verbunden sind. Diese Theorie bringt Sie auch nicht schneller zu einer Unterredung im Kanzleramt. Der Weg über diese lange und theoretische Kontaktkette wäre ein sehr mühsamer Weg: „Hallo Kontakt 1, könnten Sie mich mit Kontakt 2 in Verbindung bringen, weil ich eigentlich an Kontakt 6 herantreten möchte

Abbildung 11: Jeder kennt jeden über 6 Ecken

und ihn bitten möchte, mir zunächst eine Verbindung zu Kontakt 3 herzustellen, damit dieser mich dann seinerseits ...?" Puh.

Über den hochrelevanten Kontakt 2. Grades

Wenn Sie zu einem Kontakt im 2. Grad eine Verknüpfung nicht direkt herstellen wollen oder können, dann gibt es zwischen Ihnen und dem avisierten Kontakt vielleicht eine Person, die Sie beide kennen. Wenn sich diese Person auch noch ein echter „Netzwerker" nennt, dann sind Sie fast am Ziel. Bitten Sie doch einfach Ihren Kontakt eine Verbindung zwischen dem gewünschten Kontakt und Ihnen herzustellen. In diesem Fall nimmt Ihr Kontakt eine Moderationsfunktion wahr. Hier geht es noch nicht um die Empfehlung für ein konkretes Geschäft. Ein erster Schritt ist nur die Verknüpfung von zwei Netzwerkern. In dieser Verknüpfungsfunktion von Netzwerken steckt ein enormes Potenzial.

Dieses einander Vorstellen ist völlig losgelöst davon, ob sich die handelnden Akteure in einem realen Netzwerk oder in einer Online-Community gegenseitig suchen. Hier an dieser Stelle wird dennoch das Potenzial von Online-Netzwerken deutlich. In der realen Welt nehmen wir die Verbindungen zwischen den Knoten nur sehr diffus, meist jedoch gar nicht wahr. Und so beginnt eine Kontaktaufnahme oft eher bei den eigenen Kontakten mit der Frage: „Kennen Sie jemanden in Ihrem Netzwerk zu diesem oder jenem Thema" oder „Ich bin auf der Suche nach einem Kontakt, der mir mit folgenden Infos aushelfen kann". In einer virtuellen Community wie zum Beispiel XING oder LinkedIn sehen Sie die Verbindungen und können schon im Vorfeld gezielt nach dem Kontakt suchen, der Ihnen die gewünschten Informationen liefern kann. Erst im zweiten Schritt suchen Sie dann nach dem geeigneten Moderator (vorausgesetzt, es gibt mehrere Kontakte im 1. Grad, die im Kontakt zu der gefundenen Person stehen), der Sie beide zusammenbringt. Bei XING können Sie mithilfe der erwei-

Mirijam Dieser
Deutsche Bank AG

Ulrich Bremer
Frankfurt School

Stefan Geis
Logical Golf GmbH

terten Suchfunktion zudem gezielt nur in Ihrem Netzwerk 2. Grades suchen. Die meisten Mitglieder nutzen diese gezielte Suche nur sehr selten und lassen damit eine mächtige Networking-Funktion völlig unbeachtet.

Netzwerker sind Verknüpfungsagenten

Dieses Zusammenbringen ist eine der Kernleistungen des professionellen Networking. Es ist zudem das Gegenteil einer Empfehlung zu einem Produkt oder einer Dienstleistung. Wenn Sie jemand nach einem Hals-Nasen-Ohren Arzt fragt, mit dem Sie gute Erfahrungen gemacht haben, dann werden Sie auch etwas über die Leistungen des Arztes sagen müssen. Nur so macht die Empfehlung auch Sinn und erfüllt die Erwartung des Fragenden. Anders bei der Vermittlung von zwei Kontakten. Hier kann die Information über die Verknüpfung zwar die Sahne auf dem Kontaktkuchen sein, ist aber nicht unbedingt notwendig. Ich behaupte sogar frech, dass man vor allem in Zeiten der Web-Communities zwei Menschen „zusammenmoderieren" kann, die man beide noch nie persönlich kennengelernt hat. Ich mache dies mehr als einmal in der Woche und habe noch nie als Antwort bekommen, ich solle dies unterlassen.

Tipp: Kontakte vorstellen

In der Business-Community XING gibt es für das Vorstellen von Kontakten sogar eine technische Lösung. Dort können Sie per Knopfdruck zwei Menschen einander vorstellen.

Den Mailtext, den Sie bei Nutzung dieses Tools verfassen, erhält jeder der beiden Kontakte, die Sie für die Verknüpfung ausgewählt haben, in identischer Form. So können Sie die beidseitige Kontaktaufnahme mit ein paar Zeilen vorbereiten – sozusagen moderiertes Networking.

Das „Netzwerkrad" haben Sie für Ihre beiden Kontakte auf diese Art und Weise ins Rollen gebracht. Jetzt liegt es an den beiden Verknüpften, etwas daraus zu machen.

Dass Sie dort zwei Menschen miteinander verknüpfen, die Sie beide persönlich kennen und von denen Sie meinen, sie müssten zueinander in Kontakt treten, liegt auf der Hand. Sie können dort aber auch zwei Menschen verknüpfen, von denen Sie keinen oder nur einen kennen. Die Ansprache wird in allen drei Varianten sicherlich höchst unterschiedlich ausfallen, die Wirkung verfehlt ihre Netzwerktätigkeit jedoch auf keinen Fall.

Gerade in Online-Netzwerken lernen Sie Menschen oft erst virtuell kennen. Das bedeutet nicht, dass Sie nicht über die nötigen Informationen verfügen, den Kontakt zwischen zwei Mitgliedern anzubahnen.

Und noch ein Tipp sei an dieser Stelle formuliert. Networking hat auch etwas mit Ihrer eigenen Aktivität zu tun. Vor langer Zeit äußerte sich mir gegenüber jemand sehr despektierlich über ein Online-Netzwerk, in dem wir beide Mitglied sind. Er habe noch kein einziges Geschäft angetragen bekommen und auch vernetzt hat ihn noch niemand mit einem potenziellen Kunden. So ein Netzwerk sei „wertlos". Meine Frage, ob er denn auch gezielt auf andere im Netzwerk zugegangen sein, verneinte er mit der Begründung, dass er ja nicht als aufdringlicher Akquisiteur auftreten wolle. Dem letzten Teil seiner Aussage habe ich vehement zugestimmt, aber deshalb sollte er nicht inaktiv bleiben. Es ist etwas anderes, wenn Sie ein Mitglied im gleichen Netzwerk um eine Verknüpfung bitten, als direkt eine plumpe Verkaufsmail zu verfassen, in der Sie Ihr ach so tolles Produkt anpreisen, weil Sie nach dem Studium seines Webprofils erkannt haben, dass er genau der richtige Empfänger für den Absatz Ihrer Dienstleistungen und Produkte ist. Und in der Tat habe ich schon solche Mails mit einem „Hallo Herr Hahn, nach dem Studium Ihres Profils denke ich mir, Sie könnten Interesse an meiner „Dienstleistung" haben" erhalten. Ich denke mir dann ein „Schön für ihn" und lösche die Mail.

Irrtum Nr. 30:
Netzwerke brauchen starke Verbindungen

Irrtum Nr. 31:
Ich muss sehr viele Menschen persönlich kennen, um ein gutes Netzwerk mein Eigen nennen zu können

Die Stärke der schwachen Verbindungen!

Die meisten Stellen in einem Unternehmen werden nicht über Stellenanzeigen in der einschlägigen Wochenendausgabe einer Tageszeitung vermittelt. Die meisten Stellen werden durch persönliche Beziehungen besetzt. Gut, werden Sie sagen, es macht also Sinn, ein Netzwerk aus vielen engen und möglichst persönlichen Beziehungen zu knüpfen und schon kann einem eine kurzfristige Jobabstinenz nichts mehr anhaben. Mein enges und persönliches Netzwerk wird es schon richten. Oder?

Wissenschaftlich bewiesen ist jedoch, dass es viel wichtiger ist, möglichst viele „Bekannte" im eigenen Netzwerk zu haben. Diese sogenannten Vermittler können bei der Suche nach Jobs, neuen Ideen und Informationen deutlich bessere Ergebnisse liefern. Zu diesem Schluss kommt der Soziologe Mark Granovetter in einer empirischen Arbeit, die bereits im Jahr 1973 unter dem Titel „The strength of weak ties" veröffentlicht wurde. Granovetter konnte in der Studie nachweisen, dass von mehreren hundert Technikern über 50 % ihre Stelle über eine persönliche Beziehung erhalten hatten. Nur knapp 19 % der befragten Techniker gelangten an ihre Arbeitsplätze über eine Stellenanzeige oder einen Personalvermittler. Bis zu diesem Punkt sind die Ergebnisse glaubhaft, nachvollziehbar und keinesfalls spektakulär werden Sie sagen. Granovetter fragte jedoch weiter und fand heraus, dass nur 17 % eine relativ enge Beziehung zu den Personen hatten, die ihnen den Job vermittelt hatten. Die meisten erlangten den neuen Job nicht von den engen Freunden, sondern „nur" von eben diesen Bekannten, also sehr lockeren und eher oberflächlichen Kontakten.

Granovetter schloss damals aus seinen Forschungen, dass die schwachen Verbindungen in einem Netzwerk stets wichtiger sind, als die engen und intensiven Verbindungen. Das enge Netzwerk um einen selbst herum, das Netzwerk aus Familien, Freunden und engen Kontakten hat in den meisten Fällen die gleichen Interessen wie man selbst auch. Das enge Netzwerk aus den starken Verbindungen kommt an die gleichen Informationen und besucht die gleichen Ausbildungseinrichtungen. Neue Informationen oder eine offene Stelle, von der ich selber nicht eh schon weiß, kommen aus dem engen Netzwerk nicht heraus.

An dieser Stelle kommt das eher schwache Netzwerk ins Spiel, das Netzwerk der Bekannten und Vermittler. Dieses Netzwerk der schwachen Verbindungen hat Informationen, über welche das enge Netzwerk um einen selbst herum meist nicht verfügt. Die Bekannten jedoch sind Teil anderer Netzwerke, leben in einem anderen Umfeld, haben einen anderen Ausbildungshintergrund und andere Arbeitgeber erlebt. Diese Vermittler oder Bekannten bescheren dem eigenen Netzwerk einen unschätzbaren Wertzuwachs. Gehören diese „Bekannten" dann auch zum Kreis sogenannter „Netzwerk-Hubs", wie bei Irrtum Nr. 14 beschrieben, dann kann man ein solches Netzwerk durchaus als gesellschaftlich mächtiges Netzwerk bezeichnen.

Online-Netzwerke machen Sinn

An dieser Stelle werden auch Erfolg und Sinnhaftigkeit von Online-Netzwerken deutlich. Das Zusammenstellen von virtuellen Kontakten in einem Business-Netzwerk ist im ersten Schritt die Entwicklung eines Netzwerkes aus eben diesen sogenannten schwachen Verbindungen zu Vermittlern.

Jedes der Mitglieder in einem Online-Netzwerk ist meist auch Teil mehrerer realer Netzwerke und selten nur in einem einzigen virtuellen Netzwerk unterwegs. Wenn Sie also zu einem Online-Kontakt eine Verbindung herstellen, dann stellen Sie auch immer eine Verbindung in seine weiteren Netzwerke her – sowohl reale als auch virtuelle. Wenn Sie sich mit einem Anliegen an diesen virtuellen Kontakt richten, haben Sie auch immer die Chance, dass dieses Anliegen an das reale Netzwerk eben dieses Kontaktes weitergereicht wird.

Networking bietet Chancen, keine Garantien

Eine Garantie für Gegenleistungen aus Ihrem Netzwerk können Sie jedoch nie erwarten und von daher sollte die Empfehlung, sich im Netz eine gute Online-Reputation aufzubauen, nicht vernachlässigt werden. Je präsenter Sie im Netz für Ihre virtuellen Kontakte sind, desto leichter fällt es einem Kontakt, Ihr „virtuelles" Anliegen an einen seiner realen Kontakte durchzureichen.

Diese schwachen Verbindungen sind übrigens auch das Erfolgsgeheimnis des schon beschriebenen Netzwerktools Twitter. Twitter funktioniert nicht immer. Interessanterweise funktioniert Twitter dann am schlechtesten, wenn man den Microblogging-Dienst für permanente Werbebotschaften missbraucht. Tut man es doch, dann wird man schnell auf den „Folgerlisten" wieder entfernt. Von daher liegt Twitter gut auf der Linie des hier beschriebenen Netzwerkgedankens.

Twitter funktioniert aber genau bei den Nutzern, die es im Netz zu einer ausreichenden Reputation gebracht haben. Wenn sich diese Mitglieder auch noch auf ein bestimmtes Thema fokussiert haben, gehört das Verfolgen der Tipps und Hinweise für viele zur Pflichtlektüre. Auch wenn es immer nur 140 Zeichen sind. Auch hier wird die Stärke der schwachen Verbindungen einmal mehr deutlich.

Irrtum Nr. 32:
Die Qualität des eigenen Netzwerkes steigt mit der Anzahl der persönlichen Beziehungen

Networking und die Sache mit der Qualität.

Zum Schluss dieses Kapitels sei noch kurz auf den Irrtum hingewiesen, dass die Qualität des eigenen Netzwerkes positiv mit der Anzahl der persönlichen Beziehungen korreliert. Die Qualität korreliert zudem nicht mit dem Einkommen der Netzwerkmitglieder oder der Hierarchiestufe, die Ihre Kontakte in dem Unternehmen, in dem sie arbeiten, erreicht haben.

Wenn überhaupt, dann korreliert die Qualität eines Netzwerkes mit der Bereitschaft der einzelnen Kontakte, zu netzwerken und Kontakte zu vermitteln. Was helfen all die Kontakte, wenn Sie auf diese nicht zugehen dürfen. Sie helfen aber auch nicht, wenn nicht jeder Einzelne auch bereit ist, auf einen Kontakt zuzugehen, auch mal mit einem einfachen Anliegen oder einer banalen Bitte.

Recht sicher scheint sich die Qualität eines Netzwerkes mit der Zeit positiv zu verändern. Weniger aus dem Blickwinkel, dass die Kontakte in bessere Positionen aufrücken, aber in jedem Fall aus dem Blickwinkel, dass die Netzwerke dieser Kontakte wachsen und damit zunehmend weitere dieser wertvollen „schwachen" Verbindungen hinzukommen. Zudem wird das Netzwerk bei jeder Kontaktaufnahme wertvoller. Aber eben nicht, weil man sich ab einer Kontaktaufnahme persönlich kennt, sondern weil man weiß, wie der andere netzwerkt und ob er überhaupt zum Netzwerken bereit und willens ist.

Controller müssen draußen bleiben

Am Ende jedoch bleibt die Empfehlung, sich über die Qualität des eigenen oder irgendwelcher anderer Netzwerke erst gar keine Gedanken zu machen. Die wildesten Formeln wurden in den letzten Jahren entwickelt und diskutiert, um Qualität in diesem Sinne zu messen. Doch Netzwerke sind nicht messbar. Sie sollten Ihre Kontakte nicht in irgendwelche Tabellenkalkulationen einfügen und mit Formeln unterlegen, um herauszufinden, welchen Wert oder welche Qualität Ihr Netzwerk und dessen Kontakte aufweisen. Es wär zudem auch fraglich, was Sie mit diesem Wert anstellen sollten.

Und Sie müssen selber zugeben, dass es für einen Netzwerkkontakt ziemlich befremdlich sein muss, wenn er weiß, dass Sie sich mit mathematischen Modellen dranmachen, um herauszufinden, ob der Kontakt zu ihm die Qualität Ihres Netzwerks positiv oder negativ beeinflusst.

Interview mit Sven Jan Arndt
Geschäftsführer, Chief Operating Officer fotocommunity GmbH

Ich bin Netzwerker, weil ...
... Wissen nur die Hälfte des Erfolgs ist.

Ich bin Netzwerker seit ...
... 2000.

Im Buchtitel dreht es sich um Irrtümer und Networking. Was ist aus Ihrer Sicht der größte Irrtum im Umgang mit dem Thema Networking?
Masse ist nicht immer gleich Klasse – sprich: Zu viele Kontakte bedeuten nicht gleichzeitig ein hervorragendes Netzwerk.

Warum würden Sie sich selbst als Netzwerker bezeichnen?
Weil ich versuche, Synergien zwischen bestehenden Kontakten herzustellen.

Wann sollte man mit dem Netzwerkaufbau beginnen?
Am besten gleich während des Studiums oder der Ausbildung.

Was ist Ihr Networking-Highlight?
Dass ich auf einem Networking-Event meinen besten Freund und Mentor kennengelernt habe.

ONLINE-Networking versus OFFLINE-Networking, welcher Netzwerktyp sind Sie?
Eher der Online-Networker.

Wie viel Networking braucht der Mensch?
5-7 Key-Networker sind der Kern eines jeden guten Netzwerkes.

77 Irrtümer, und was ist Ihr ultimativer Tipp für erfolgreiches Netzwerken?
Ein gutes Netzwerk sollte nicht nur aus unendlich vielen Kontakten, sondern aus wenigen, idealerweise freundschaftlich verbundenen Partnern bestehen.

Kapitel 9
Betriebswirtschaft

 Irrtum Nr. 33:
Networking hat etwas mit Synergien zu tun

Kontakte kann man nicht fusionieren ...

... und das ist auch gut so. Haben Sie sich schon mal die Synergie-Bilanzen nach der Fusion zweier Unternehmen angeschaut? Es gibt nur sehr wenige Fusionen, die in Bezug auf das Ziel Synergie erfolgreich gelaufen sind. Dennoch wird vor allem in der Anbahnung einer Fusion den Beteiligten Stakeholdern gerne von der ach so wirtschaftlich sinnvollen Synergie zwischen den beteiligten Unternehmen berichtet. Sie wissen schon, „das Ganze ist mehr als die Summe seiner Teile". Und am Ende bleibt die Synergie bei den meisten Fusionen eine leere Worthülse weil die meisten Prozesse nicht so einfach zusammengelegt werden können, langfristige Verträge nur mit hohen Kosten oder gar nicht aufgelöst werden können und wenn es ganz schlecht läuft auch noch die guten Mitarbeiter, von denen man sich gar nicht trennen wollte, das Unternehmen aufgrund der eigenen Unsicherheit verlassen. Ich habe es sogar schon erlebt, dass diese Mitarbeiter zu einem späteren Zeitpunkt wieder zwei Gehaltsstufen teurer zurückgekauft wurden. Synergetisch?

Beim Networking erlebt man das vermeintlich Synergetische dann so: „Hallo, beim Studium Ihres Profils ist mir die Idee gekommen, dass es einige Synergien zwischen uns geben könnte. Über eine Kontaktaufnahme würde ich mich sehr freuen." Welch ein Glück, dass sich die meisten Kommunikationsprofis im Konjunktiv verbeißen. Auf diese Art und Weise könnte man der Anfrage ja eventuell unter gewissen abzusteckenden Umständen sogar noch zustimmen.

So sieht dann also die Kontaktaufnahme in einer anderen Welt aus. Das gilt aber nicht für die Kontaktaufnahme in der Welt der Netzwerke. Mit dem Begriff Synergie sind wir wieder einmal eher bei Themen wie Kooperation, Zusammenarbeit und konkreter Geschäftsanbahnung. Und genau darum geht es den meisten, wenn sie mit dieser Art der Kontaktaufnahme den Start einer Netzwerkbeziehung einleiten. Ich habe die meisten der oben genannten Gesuche hinterfragt und mir die Mühe gemacht, eine Konversation zu starten. Meist ging es in keinster Weise um Synergien. Wenn bei einer erfolgreichen, synergetischen Beziehung das Ganze am Schluss wirklich mehr ist als die Summe der einzeln eingebrachten Leistungen, dann sollte doch auch jeder Einzelne einen Mehrwert erleben. Das Ergebnis meiner teilweise bohrenden Fragen war aber in der Regel, dass der Anfragende ein Produkt oder eine Dienstleistung anzubieten hatte, welche ich über mein Netzwerk verbreiten sollte. „Ein echter Mehrwert für Ihre Kontakte", lautet dann die Antwort oder „Tun Sie doch Ihren Kontakten mal etwas Gutes". In Bezug auf die avisierten Synergien gehe ich jedoch völlig leer aus. Von Synergie ist hier nichts zu spüren.

Erst kürzlich bat man mich um die Verbreitung einer Informationsbroschüre an etwa 50.000 Empfänger über einen meiner Newsletter. Auf die Frage, ob ich unsere Mediadaten mit einer Preisliste zusenden solle, kam als Antwort, dass es sich doch um eine kostenlose Broschüre handele und diese einen echten Mehrwert für die Leser bieten würde. Die angebotene Leistung in der Broschüre bestand jedoch aus einem kostenpflichtigen Angebot für die Leser. Eine Antwort auf die Frage, welchen wirklichen Vorteil ich selbst mit der Verbreitung der Informationen haben könnte, blieb mir der Verkäufer schuldig.

Hier wird deutlich, dass für viele Akquisiteure der Begriff Synergie eine Art Verkaufsverniedlichung ist. Statt, „Ich habe Ihnen etwas zu verkaufen" heißt es dann „Lassen Sie uns doch mal nach Synergien zwischen uns suchen". Somit haben wir es hier mit einem klassischen und in der Natur selten zu beobachtenden Doppelirrtum zu tun. Networking- und Akquiseirrtum.

Nochmal: Klar, dass Sie auch hin und wieder einem Ihrer Kontakte im Netzwerk sehr gezielt zu einem wirtschaftlichen Erfolg verhelfen. Networking ist ja nicht das Gegenteil davon und sollte und wird zwischen allen Beteiligten nicht altruistisch ablaufen können. Networking ist nicht gleichzusetzen mit bedingungsloser Selbstaufgabe. Dennoch ist der primäre Fokus ein anderer, denn der Ablauf bis zum Ziel ist beim Networking und der Akquise gänzlich unterschiedlich.

Zu guter Letzt kann sich sicherlich auch eine Synergie zwischen zwei Kontakten in einem Netzwerk ergeben, dann ist es aber zu einer Kooperation gekommen, die beiden Netzwerker haben eine gemeinsame Firma gegründet oder eine Art Joint Venture beschlossen. Ist doch ein schönes Ergebnis, was das Networking in keinster Weise unterbinden möchte.

 ## Irrtum Nr. 34:
In Networking muss man auch Geld investieren, sonst lohnt es sich nicht

Sehr viel Geld?

An dieser Stelle geht es vor allem um den Irrtum, dass die teuersten Netzwerke zugleich die besten Netzwerke sind. Es ist doch klar, dass wenn die Betreiber den Preis für die Mitgliedschaft in einem Business-Netzwerk in schwindelerregende Höhen schrauben, dadurch die Klientel der potenziellen und realen Mitglieder einen automatischen Qualitätsfilter durchlaufen und das Ergebnis ein Netzwerk mit der höchsten Qualitätsstufe ist.

Mitnichten.

Der Preis, den jeder Einzelne zu zahlen bereit ist, um in ein Netzwerk einzutreten, steigt nicht linear mit der vermuteten Qualität des Netzwerks und auch nicht linear mit der Bereitschaft jedes Einzelnen, zu netzwerken.

Ich wage mich sogar an die These heran, dass das Gegenteil der Fall ist, weil ab einem bestimmten Wert eher die Eitelkeit, dabei zu sein und in der Riege deren aufgenommen zu werden, die den gleichen Preis zu zahlen bereit waren, der Treiber für die Mitgliedschaft ist. Den meisten geht es ab einer bestimmten Beitragssumme doch nicht mehr um Networking. Gut, wenn es sich ergibt, ist ja dagegen nichts einzuwenden. Zudem lässt es sich mit einem gewissen finanziellen Polster im Rücken sicherlich leichter netzwerken. Vor allem, wenn man sich mit der weiter oben eingebrachten Definition, dass Networking vor allem auch etwas mit Großzügigkeit zu tun hat, einlassen kann.

Was nichts kostet, ist auch nichts

Wenn der Preis für die Mitgliedschaft nicht unbedingt mit der Güte des Netzwerks und der Bereitschaft der Mitglieder einhergeht, Kontakte zu vermitteln, bleibt die Frage, ob man in jedem Fall in Netzwerke investieren sollte?

Sie sollten sich zumindest nicht scheuen, dies zu tun. Die Organisation eines Netzwerkes kostet Geld. Egal, ob es sich dabei um einen realen Business Club mit Clublounge und Ledersesseln in der Innenstadt handelt oder ein Online-Netzwerk betrieben wird. Wenn Sie ein für sich Nutzen stiftendes Netzwerk gefunden haben und die Mitglieder Sie auf Ihrem Weg weiterbringen können, dann bleibt Ihnen sozusagen nichts anderes übrig, als den Betreibern den Aufwand für den Aufbau und die Pflege der Netzwerkumgebung zu vergüten. Die Betreiber treten hier ja nicht als großzügige Netzwerker auf, sondern als Lieferanten einer Dienstleistung in Form einer Plattform, die Sie nutzen können.

In manchen Netzwerken helfen die Betreiber auch sehr aktiv bei der Vermittlung von Kontakten und treten selber sozusagen als Chefnetzwerker oder Netzwerkmoderatoren in dem Netzwerk auf. In diesem Fall ist der Einstieg in ein solches Netzwerk nicht nur noch attraktiver, es hilft zudem einem neuen Mitglied, den Einstieg zu finden. Halten Sie also ruhig nach Netzwerken Ausschau, in denen sich auch die Betreiber als Netzwerker verstehen und Networking vorleben. Dies sind meist die besten Netzwerke, vor allem bei den realen Netzwerken.

Irrtum Nr. 35:
Networking ist sehr zeitaufwendig

Und der Tag hat nur 24 Stunden ...

Zeit sei ein gerechtes Gut, sagte mal ein schlauer Mann, denn jeder Mensch hat jeden Tag die gleiche Zeit zur Verfügung: 24 Stunden, 1440 Minuten oder 86.400 Sekunden. Mit einem Zeitmesser ausgemessen mag diese Aussage durchaus stimmen. Doch die Ergänzung, dass jeder das Gleiche aus der Zeit machen kann, klingt ziemlich platt.

Zeit ist etwas sehr Subjektives. Das erleben Sie zum Beispiel dann, wenn Sie mit Freude einen Vortrag halten. Dann erhalten Sie irgendwann ein Zeichen mit dem Hinweis, dass die letzten fünf Minuten angebrochen sind, Sie aber noch längst nicht am Ende Ihres Vortrags angekommen sind. Wenn Sie dann jedoch selbst im Publikum sitzen, wundern Sie sich, warum sich die gleichen 30 Minuten so ewig in die Länge ziehen. Eloquente Referenten, die spannende und kurzweilige Vorträge halten, sind hiervon natürlich ausgenommen.

So wird die verstrichene Zeit von verschiedenen Menschen in verschiedenen Situationen auch unterschiedlich wahrgenommen. Und so kann es sein, dass eine dritte Person im oben genannten Beispiel beide Vorträge als sehr lang erachtet und sich die Pause herbeisehnt, hingegen eine vierte Person beide Vorträge als kurzweilig erlebt.

Vor diesem Hintergrund ist die Kritik, dass Networking sehr zeitaufwendig ist, in jedem Fall zunächst eine Frage nach der Subjektivität der zeitlichen Wahrnehmung eventueller Aufwände.

Wenn Sie Spaß an Telefonaten mit Kontakten haben, vergeht die Zeit im Flug und Sie bereuen auch keine Minute des Gesprächs. Gehen Sie mit Freunden auf ein Networking-Event und schauen spät auf die Uhr, um festzustellen, dass Sie schon deutlich länger anwesend sind, als Sie dies noch zu Beginn geplant hatten, dann bereuen Sie dies nicht. Werden Sie von sich selbst oder Dritten jedoch gezwungen, ein Event aufzusuchen, dann sind all Ihre Gesprächspartner garantiert langweilig und die Zeit will partout nicht verstreichen.

Bleibt als Fazit zu erwähnen, dass Networking Zeit kostet; das will und kann ich hier nicht verheimlichen. Wieviel Zeit es indes kostet, haben Sie jeden Tag selber in der Hand. Geben Sie sich doch ein Networking-Zeitbudget vor, welches Sie täglich für Ihr Netzwerk nutzen. Wenn Sie einen Nutzen aus Ihrem Netzwerk generieren können (und umgekehrt natürlich) und Sie zudem Spaß am Networking entwickeln, dann werden Sie sich sicherlich nicht darüber ärgern, Zeit in Ihr Netzwerk investiert zu haben.

Tipp: Zeitbudget

An dieser Stelle will ich nicht mit den unzähligen Zeitmanagement-Trainern konkurrieren, aber ein kleiner Zeit-Tipp in Bezug auf Online-Netzwerke sei erlaubt.

Ja, das Internet raubt einem manchmal die Zeit und man verliert sich sehr gerne in den Weiten des World Wide Web. Wenn dies dann auch noch in einer Internet-Community vorkommt, dann kommt es schnell zum hier beschriebenen Irrtum. Vieles von dem, was wir an Zeit verplempern, wenn wir uns etliche Profile im Netz anschauen, dazu noch unzählige Forenbeiträge lesen und zudem noch in den Bildergalerien der Mitglieder surfen, hat nichts mit Networking zu tun.

Geben Sie sich für das virtuelle Networking in den für Sie relevanten Portalen ein Zeitlimit und überlegen Sie genau, welche Aktivitäten Sie innerhalb dieses Budgets erledigen wollen. Ist die Zeit verstrichen, sollten Sie genau diese Aktivitäten erledigt haben. So arbeiten Sie jeden Tag kontinuierlich an Ihrem Netzwerk und wenn Sie sich an das Zeitlimit halten, kommt es auch nicht zu Irrtum Nr. 34.

Irrtum Nr. 36:
Man sollte Aufwand, Nutzen und Ertrag immer im Auge behalten

Sollten Sie?

Ja, Sie sollten! Und zwar, wenn Sie für die Finanzen Ihres Unternehmens verantwortlich sind. Und natürlich auch, wenn Sie für Ihre eigenen – sprich persönlichen – Finanzen die Verantwortung tragen.

Beim Networking ist das jedoch mal wieder so eine Sache.

Sicherlich können Sie sich tatsächlich wirtschaftlich verzetteln, wenn Sie in etlichen Netzwerken eine kostenpflichtige Mitgliedschaft eingehen. Das kann dazu führen, dass die Kosten das vorgegebene Budget überschreiten. Das mag bei Online-Netzwerken, in denen eine Mitgliedschaft zwischen fünf und zehn Euro kostet, noch übersichtlich sein. Doch es gibt durchaus auch Online-Netzwerke, die ein Vielfaches davon kosten. Gleiches gilt für die Aufnahmegebühren und Jahresbeiträge von realen Wirtschaftsclubs, dort kommen gerne ein paar tausend Euro pro Jahr zusammen.

An dieser Stelle gebe ich dem Autor des Irrtums Recht, wenn die Zeit nicht ausreicht, in all den Netzwerken, in denen man kostenpflichtig Mitglied geworden ist, auch aktiv zu werden. Dann kann man sich in der Tat über Aufwand und Ertrag seiner kostenpflichtigen Networking-Aktivitäten Gedanken machen. Diese Gedanken hängen jedoch nur mittelbar mit dem Thema Networking zusammen.

Networking ist nicht messbar

In der Regel wird dieser Irrtum mit dem Netzwerkirrtum „Geben und Nehmen" in Zusammenhang gebracht. Dann geht es auf der Aktivseite um den Aufwand, also die finanziellen Mittel, die ich für das Netzwerk aufwende und zudem um die Zeit, die ich dort hineinstecke, in Relation zu dem, was ich aus dem Netzwerk auf der Passivseite wieder herausbekomme. Wenn Sie versuchen, diese beiden Bilanzpositionen zusammenzubringen, dann sind Sie wieder beim Engpass aus Irrtum Nr. 36 angekommen. Die unmittelbaren Kosten für eine Mitgliedschaft können Sie exakt bestimmen. Die Zeit und die sonstigen kalkulatorischen Kosten in eine Währung umzurechnen, wird indes schon um einiges schwieriger. Die schwierigste Aufgabe kommt jedoch noch. Sie müssen auf der anderen Seite der Bilanz den Wert bestimmen, der Ihnen durch Networking gutgeschrieben wurde. Kein leichtes Unterfangen, denn die Gegenwerte sind selten messbar und in einer Währung zu definieren.

Wenn Sie keine Zeit für ein bestimmtes Netzwerk aufbringen können, dann ist jeder in dieses Netzwerk investierte Cent ein bilanzieller Verlust. Investieren Sie jedoch Zeit in ein Netzwerk, dann lohnt es sich auch ohne die Erstellung einer täglichen Netzwerkbilanz, die sich nicht so leicht erstellen lässt. Sparen Sie sich also die Zeit, Controller zu spielen und investieren Sie genau diese Zeit zusätzlich ins Networking oder zur Erweiterung Ihrer privaten Aktivitäten.

Wenn Sie einmal „Lunte gerochen haben", werden Sie ein Leben lang Netzwerker sein. Ab einem bestimmten Grad gibt es keinen Weg mehr zurück. Dann ist es aber auch nicht mehr mit einem merklichen und störenden Mehraufwand verbunden. Networking webt sich mit der Zeit in Ihr privates und berufliches Umfeld ein, ganz so wie Ihre täglichen Mahlzeiten.

Ein Telefonat mit einem Networker mehr, ein Abend und vier Small Talks mit interessanten Persönlichkeiten weiter, dann sind Sie möglichen (nicht messbaren) Gegenwerten viel näher gekommen, als wenn Sie sich immer noch Gedanken machen, ob sich der heutige Abend unter Einbeziehung des aktuellen Netzwerksaldos rechnen kann und Sie aus Angst, einen bilanziellen Verlust zu erleiden, lieber zu Hause bleiben.

Großzügige Netzwerker rechnen nicht und dennoch werden Netzwerker niemals mit dem Ab- und Ausbau Ihres Netzwerkes aufhören, weil es sich nicht lohnt.

Irrtum Nr. 37:
Ein bis zwei Netzwerke reichen für jeden

Irrtum Nr. 38:
Konzentrieren Sie sich auf möglichst wenige Netzwerke

Oder auf alle, die für Sie von Nutzen sind.

Schon Bill Gates unterlag einem gewaltigen Irrtum, als er sagte, dass 256 Kilobyte Speicherplatz für jeden Computernutzer ausreichen sollten. Und auch die Aussage über die Anzahl von Netzwerken, die für einen jeden Netzwerker ausreichen sollten, ist ein schwieriges Unterfangen.

Der Blickwinkel, den jemand einnimmt, wenn er diesen Irrtum ausspricht, hat viel mit dem Fokus auf das Thema Zeit zu tun. Keine Diskussion: Verbringen Sie viel Zeit mit und in Ihren Online- und Offline-Netzwerken, dann ist dieser zeitliche Aufwand sicherlich genau die Engpass-Restriktion, die die Anzahl der Netzwerke, in denen Sie aktiv sein können, natürlich beschränkt. Und es ist zudem richtig, dass manche Netzwerke nur einen Nutzen stiften, wenn Sie dort als Mitglied auch aktiv werden. Netzwerke wie die Rotarier, wären ohne die Aktivitäten der Mitglieder gar nicht entstanden und würden heute längst nicht mehr existieren, wenn sich dort die Mitglieder nicht in hohem Maße persönlich einbringen würden.

Erinnern Sie sich jedoch an meine Aussage, dass Sie in bestimmten Netzwerken Mitglied werden, ohne dort einen Antrag ausfüllen zu müssen? Familie, Firmen-Alumni oder Schule, um nur ein paar Kategorien vorzugeben. Vor dem Hintergrund dieser Theorie können Sie die Anzahl der Netzwerke, in denen Sie ohne Antrag Mitglied sind, im Grunde gar nicht steuern und noch weniger beschränken. Brauchen Sie auch nicht. Gewiss funktionieren manche Netzwerke, wie die weiter oben beschriebenen Service-Clubs nur mit einer Aktivität der Mitglieder. Manche Netzwerke wiederum entstehen aber einfach aufgrund einer bestimmten Situation. Das Netzwerk der ehemaligen Mitarbeiter von IBM entsteht durch Kündigung der Vertragsbeziehung zwischen dem Mitarbeiter und IBM, ob die beiden Vertragspartner es wollen oder nicht. Dieses Netzwerk können die Mitglieder nun nutzen oder es sein lassen. Nur kündigen können die Protagonisten das Netzwerk nicht. Ob dieses Netzwerk auch funktioniert, entscheidet zum einen die Organisation der Zugriffsmöglichkeit auf das Netzwerk, zum anderen die Frage, ob die Mitglieder die Kontaktaufnahme untereinander auch unterstützen und letztlich, ob sich zumindest gefühlte Mehrwerte für die Beteiligen entwickeln.

Bei McKinsey funktioniert dies seit Jahren perfekt. Das Unternehmen versucht alles, um mit seinen Ehemaligen in Kontakt zu bleiben. Diese Ehemaligen sind nämlich im besten Fall die Auftraggeber von morgen. Sich mit einem ehemaligen Mitarbeiter nicht im Guten zu trennen, könnte bedeuten, einen Auftrag bei seinem neuen Arbeitgeber zu verlieren. Manchmal, nach einer Pause, sind es zudem auch die Mitarbeiter, die McKinsey übermorgen wieder einstellen möchte. Auch in Deutschland erkennen die größeren Unternehmen zunehmend, dass man sich als Unternehmen nicht schmollend in die Ecke zurückziehen sollte, wenn ein Mitarbeiter der Organisation den Rücken kehrt. Manchmal sucht man in der Zukunft einen Mitarbeiter, für eine Stelle, die bestens mit einem Ehemaligen besetzt werden könnte. Gut, wenn das Unternehmen sich mit diesem Mitarbeiter im Guten getrennt hat. Noch besser, wenn das Unternehmen zudem weiß, wo es diesen Ex-Kollegen jetzt gerade finden kann.

Zurück zur Frage nach der Anzahl der Netzwerke, in denen Sie Mitglied werden können und sollten. Die einzige Einschränkung bei der Anzahl von Netzwerken ist in den Netzwerken gegeben, in denen für Sie eine Mitgliedschaft nur mit einer hohen persönlichen Aktivität verbunden ist und nur so einen Sinn ergibt. Die Anzahl dieser Netzwerke werden Sie aufgrund der zeitlichen Restriktion auf einige wenige Netzwerke beschränken müssen.

Alle anderen Netzwerke brauchen (und können) Sie deshalb jedoch nicht über Bord schmeißen. In Kombination mit Irrtum Nr. 51 (Networking erfordert ein hohes Maß an Beziehungsarbeit und –pflege) geht es im Kern ja nicht um die intensive Pflege aller Kontakte in Ihren diversen Netzwerken, zu denen Sie in Kontakt stehen oder standen, sondern um die Chance, bei Bedarf auf diese Netzwerke zugreifen zu können. Natürlich treffen sich nicht alle ehemaligen McKinseys zweimal im Jahr und telefonieren einmal im Monat miteinander. Das wäre ja bereits logistisch nicht zu realisieren. Ob also ein bis zwei Netzwerke ausreichen, ist eine gewagte Aussage, denn wenn diese wenigen Netzwerke nicht genügen, ist es schwer, mal eben so ein paar neue Netzwerke zu generieren, auf die Sie dann bei Bedarf schnell mal zugreifen können, weil Sie gerade einen neuen Job suchen oder Ihre Firma nur überlebt, wenn Sie neue Kunden finden.

Gleiches gilt übrigens für Online-Netzwerke. Mitglied können Sie in vielen dieser Communities werden, aktiv sicherlich nur in sehr wenigen davon. Dennoch sollten Sie sich zumindest in all den Netzwerken anmelden, die für Ihr Business sinnvoll erscheinen. Nur so werden Sie bei Bedarf zumindest gefunden. Wenn Sie in einem Online-Netzwerk nur angemeldeter User sind, ist zwar der Auftrag nicht sicher. Aber garantiert keine Aufträge gibt es für Sie, wenn Sie dort nicht präsent sind, wo nach Ihren Themen, Produkten oder Dienstleistungen gesucht wird. Gefunden wird in diesen Netzwerken heutzutage immer jemand. Wenn dies nicht Sie sind, weil Sie den Anmeldeprozess gescheut haben, dann garantiert Ihr Wettbewerber!

Bei der Frage nach der Konzentration auf eine bestimmte Anzahl von Netzwerken sollten Sie also nicht nach der vermeintlich richtigen Anzahl suchen. Konzentrieren Sie sich bei der Suche und Beteiligung in neuen Netzwerken auf solche, die für Sie privat sowie auch beruflich einen Sinn ergeben, die Sie bei Ihren Themen wirklich weiterbringen. Manchmal macht es Sinn, in einem Netzwerk nur präsent zu sein, manchmal macht ein Netzwerk nur Sinn, wenn man dort auch aktiv ist. Bei den nach „Aktivität" rufenden Netzwerken sollten Sie sich nicht verzetteln, Ihre Zeit ist begrenzt. Vor allem bei Online-Netzwerken, in denen man nach Ihnen und Ihren Themen suchen könnte, sollten Sie sich eine Beteiligung jedoch gut überlegen. Ein aussagekräftiges Profil ist in wenigen Minuten erstellt.

Tipp: Das neue Personen-Google: Web-Communities

Gefunden zu werden, darüber sind sich die meisten Experten einig, ist im weltweiten Web nicht immer ganz leicht. Damit man überhaupt suchen kann, gibt es Seiten wie Google. Und dass Google es weit gebracht hat, kann man im Duden lesen. Dort steht *googeln* als

Synonym für die Suche im Web. Damit man dort auch gefunden werden kann, gibt es wiederum die Experten. Und zwar die Experten der Suchmaschinenoptimierung. Bei bestimmten Suchanfragen geht es aber auch einfacher.

Personensuche:

Wenn ich heute eine bestimmte Person suche, dann klappere ich zuerst die einschlägigen Communities ab. Mit ein wenig Glück ist der Businesskontakt, den ich suche, eines von über sechs Millionen Mitgliedern bei XING oder bereits bei LinkedIn angemeldet. Auch wenn ich nur den Marketingleiter bei einer bestimmten Firma suche, auf die ich es abgesehen habe; Web-Communities helfen da bestimmt weiter. Und selbst, wenn ich die gesuchte Person nicht direkt finde, vielleicht treffe ich dort seinen Assistenten oder seine Assistentin.

Und was die Suche auf der einen Seite der Medaille ist, ist das Gefunden werden auf der anderen Seite. Daher macht es Sinn, sich nicht nur mit der Suchmaschinenoptimierung seiner eigenen Internetseite in Bezug auf Google zu beschäftigen, sondern auch sicherzustellen, in den einschlägigen Business-Communities gefunden zu werden. Und die Suchoptimierung Ihres persönlichen Profils kann keiner besser als SIE!

Wägen Sie also nicht nur die Zeit ab, wenn Sie die Mitgliedschaften in Netzwerken abwägen. Beziehen Sie in Ihre Überlegungen auch die Fragestellung mit ein, ob Ihre Kunden oder potenziellen Arbeitgeber in bestimmten Netzwerken konkret nach Ihnen oder den Themen suchen könnten, die Sie anbieten. Genau dann macht es auch Sinn, doch als Mitglied aufzutauchen. Das bedeutet dann aber noch längst nicht, dass Sie dort als Netzwerker unterwegs sind und sein müssen.

Interview mit Uwe Loof

Leiter Personal Hamburg-Mannheimer Versicherungs AG

Ich bin Netzwerker, weil ...
... das Networking persönlich wie fachlich ungemein bereichernd ist und in einer globalen Zukunft unerlässlich wird.

Ich bin Netzwerker seit ...
... meinem Studium. Viele Kontakte aus dieser Zeit bestehen noch heute ganz aktiv.

Im Buchtitel dreht es sich um Irrtümer und Networking. Was ist aus Ihrer Sicht der größte Irrtum im Umgang mit dem Thema Networking?
Dass Networking nur ein Freizeitvertreib ist. Der Working-Aspekt wird dabei häufig ausgeklammert.

Warum würden Sie sich selbst als Netzwerker bezeichnen?
Ich verstehe mich als Netzwerker, da ich aktiv den Austausch mit anderen Menschen suche, vor allem, wenn es um die Lösung von aktuellen Fragen und Herausforderungen geht. Bezeichnenderweise finde ich häufig Impulse bei Menschen, bei denen man es auf den ersten Blick nicht vermutet.

Wann sollte man mit dem Netzwerkaufbau beginnen?
Dann, wenn Sie mit Freude an den Netzwerkaufbau gehen wollen. Das kann nicht früh genug sein.

Was ist Ihr Networking-Highlight?
Es waren gerade die vielen unterschiedlichen Highlights, die das Networking zum besonderen Highlight machen.

ONLINE-Networking versus OFFLINE-Networking, welcher Netzwerktyp sind Sie?
Ich bin der Hybrid-Typ, wobei für wichtige Beziehungen das OFFLINE-Networking für mich entscheidend ist.

Wie viel Networking braucht der Mensch?
Soviel, wie er für sich selbst vertragen kann.

77 Irrtümer, und was ist Ihr ultimativer Tipp für erfolgreiches Netzwerken?
Gehen Sie mit Freude an das Networking, ansonsten wird diese Art des Working zu belastend für Sie.

Kapitel 10

Networking 1.0

Irrtum Nr. 39:
Networking = Visitenkartenpartys

Die Mutter des neuzeitlichen Offline-Networking

Was den „Alten" die Rotarier sind, ist den „Jungen" die Visitenkartenparty. Networking 1.0 meets Networking 2.0?

Mitnichten!

Im Jahr 2002 startete eine der ersten Visitenkartenpartys in Hamburg. Schnell breitet sich das Format (zum Beispiel: www.visitenkartenparty. biz) in der Republik aus und ein paar Betreiber beginnen damit, sich darüber zu streiten, wer es denn nun erfunden hat. Spaßmodus: EIN. Wahrscheinlich waren es wieder die Schweizer. Spaßmodus: AUS.

Natürlich macht eine Visitenkarte im eigens dafür gekauften Visitenkartenetui noch keine Party aus, aber die Organisatoren haben es im Griff. Bei Visitenkartenpartys kommen die Überlebenden aus der Dotcom-Blase zusammen und tauschen sich mit Leuten aus, die sie wahrscheinlich sonst niemals getroffen hätten (oder auch nicht hätten treffen wollen). Aber was bleibt einem übrig, wenn man eher schüchtern ist und sich zu Hause bei der Kaltakquise mit dem Telefonbuch auf dem Schoß nicht so wohl fühlt. Gut, wenn man da der Einladung zur Visitenkartenparty folgt und außer einem ausgefüllten Kurzprofil und einem Stapel Visitenkarten nichts mitbringen muss. Und damit die Schüchternen auch wirklich zusammenfinden, werden auch Visitenkartenparty-Spiele eingebaut. Es bekommt so langsam den Charme einer Single-Party für 40-jährige. Spielen hält ja bekanntlich jung. Natürlich immer mit einem Pflichtgesprächspartner inklusive. Da trifft dann die Esoterik-Expertin auf den SAP-Berater und beide haben sich nichts zu sagen. Rein businessmäßig, versteht sich. Ansonsten

Abbildung 12: Visitenkartenparty

haben die beiden eine Menge Spaß, denn – Sozialkompetenz vorausgesetzt – man ist höflich im Umgang miteinander und interessiert sich wie verrückt für das Business des jeweils anderen. Beim Gong ist alles vorbei und man darf nun (endlich?) wieder einen neuen Gesprächspartner finden.

Was das Ganze mit Networking zu tun hat? Einfache Frage, einfache Antwort: nichts!

Wenn jeder jedem etwas verkaufen will

Visitenkartenpartys sind eher Akquisitionsveranstaltungen für Akquisiteure mit Leerlauf in den Auftragsbüchern. Und auch, wenn bei vielen dieser Partys die Mitglieder von Network-Marketing-Organisationen draußen bleiben müssen, drinnen sind Sie dann doch. Bei all meinen eigenen Selbstversuchen sollte ich Nahrungsmittelergänzungspräparate (herrliches Wort) kaufen und verkaufen oder ich wurde in die unterste Hierarchiestufe bei diversen Allfinanzorganisationen eingeladen. Wer es braucht, macht mit, denn die Einkommenspläne, die ich zu Gesicht bekam, versprachen Reichtum und Luxus innerhalb nur weniger Monate. Selten rechnet da jemand nach, dass die meisten Einkommenspläne nur zustande kommen, wenn die Organisation am Ende die halbe Weltbevölkerung zum Kunden hat (Das ist oft so ähnlich wie die Frage: „Wieviel Reis packe ich ins letzte Kästchen eines Schachbretts, wenn ich ins erste nur einen einzigen Reiskorn packe und bei jedem Feld verdopple?" 1, 2, 4, 8 – rechnen Sie mal nach).

Ich brauchte diese Waren und Jobs irgendwie nicht. Und so empfand ich einen um den anderen Small Talk als zunehmend aufdringlich. Hätte ich alle Angebote angenommen, so wäre ich nun pleite.

Jetzt haben die Erfinder dieses Formats auch nicht Networking an den Hoteleingang genagelt, aber leider wurde und wird das Format gerne mit Networking in Zusammenhang gebracht. Gerade, weil es jedoch kein echtes Netzwerk ist und auch kein wirkliches Networking stattfindet, scheint das Thema Visitenkartenparty eher einzuschlafen. Immer wieder werden die Treffen mangels Teilnehmer abgesagt oder finden in einigen einst aktiven Städten erst gar nicht mehr statt. Dabei mag die Kernidee, regionale

Businesspartner miteinander in Kontakt zu bringen, gerade in der heutigen Wirtschaftssituation passender denn je. Was also ist die Bremse für dieses – und ähnliche – Formate?

Der Akquisedruck

Moderiertes Networking funktioniert, moderierte Akquise eben nicht. Und was für den Akquisiteur mit dem kleinen Geldbeutel die Visitenkartenparty ist, ist für den gehobenen Akquisiteur das Business Dinner. Vier Gänge in gehobenem Ambiente und vier per Losverfahren ausgewählte Gesprächspartner. Da kann sich selbst bei einem kulinarischen Highlight in der Suppenschüssel die Zeit wie Gummi ziehen, wenn man sich nichts zu sagen hat, weil man sich auch ohne Losglück nie etwas zu sagen gehabt hätte. Doch von Gang zu Gang bleibt die Hoffnung, dass bis zum Nachtisch wenigstens ein Käufer für meine Dienstleistungen gefunden ist, sonst heißt es zum Schluss: „außer Kalorien nichts gewesen".

Und so kommen immer wieder viele Menschen zu den Business Dinnern. Es ist meist die Neugier, die sie treibt, aber selten kommen sie wieder. Zu heterogen ist die Zielgruppe, zu zufällig sind die Gesprächspartner. Akquise geht anders und Networking auch. Akquise auf einem Akquisedinner ist so wie das Kinderspiel mit der Magnetangel und den Fischen, blindes Herumfischen und am Ende hängt auch noch der alte Schuh an der Angel, mit dem niemand etwas anfangen kann. Networking würde ja so noch eben funktionieren, wenn ich mit meinem Netzwerk zum Essen ginge. Bekannte und neue Gesichter treffen. Mit den Bekannten vertiefe ich meine Netzwerkbeziehung, mit den neuen Gesichtern beginne ich meine Netzwerkbeziehung. Aber ich will als mündiger Netzwerker selbst entscheiden, wer diese Gesprächspartner sind. Alles andere ist eine Hilfe, die mich eher entmündigt.

Lernen Sie, auf Menschen zuzugehen. Das ist der bessere Weg, als zu Veranstaltungen zu gehen, wo Ihnen die Gesprächspartner aufgedrückt werden. Das ist effektiver, also zielführender für den Aufbau Ihrer Netzwerke und es ist zudem auch noch effizienter, da Sie keine Zeit mit belanglosen Gesprächen verbringen, bei denen es wieder nur darum geht, mit Ihnen das schnelle Geschäft zu machen.

Irrtum Nr. 40:
Netzwerke sollten immer auf eine homogene Zielgruppe fokussiert sein

Irrtum Nr. 41:
Netzwerke sollten immer auf ein Thema fokussiert sein

Wie langweilig?

Das sahen die Gründer der Rotarier bereits 1905 etwas anders, denn deren Philosophie war und ist es, in eine jede Gruppe unterhalb der Dachorganisation immer Mitglieder unterschiedlicher Berufsgruppen aufzunehmen. Keine Fokussierung auf ein spezielles Fachthema und keine homogene Zielgruppe. Dennoch sind und waren die Rotarier alles andere als orientierungs- und ziellos. Zu den Kernzielen der Rotarier gehört es, humanitäre Dienste zu leisten und sich für Frieden und Völkerverständigung einzusetzen.

Bis heute hat sich an der Gruppenbildung unterhalb der Dachorganisation nichts geändert. Dennoch ist vor allem die Idee der unterschiedlichen Branchen, aus denen die Mitglieder kommen, schnell auch ein möglicher „Druckgeber" für Akquise und kann so zum Gegenteil eines sinnvollen Networking führen. Fakt ist, dass die Rotarier und die anderen Service-Clubs eine lange Tradition haben, heute jedoch nicht mehr das Wachstum aufweisen, welches sie gerne hätten. Der Nachwuchs fehlt. Dieser tummelt sich während des Studiums bei StudiVZ und Facebook, wechselt anschließend zu XING oder LinkedIn und hat sich zudem ein Netzwerk aus Uni-Alumni, Auslandsaufenthalten und ein paar weiteren Aktivitäten aufgebaut.

Dass Netzwerke immer auf ein Thema fokussiert sein müssen, schließen die vielen Netzwerke, in denen wir per se Mitglied sind, aus. Ihr Ex-Schulkameraden-Netzwerk ist fokussiert auf die Schüler Ihres Abschlussjahrgangs. Das stimmt. Aber die Themen Ihrer Mitschüler sind bestimmt alles andere als homogen und fokussiert. Oder sind Sie alle in den Gesundheitsdienst eingestiegen? Haben alle eine Beamtenlaufbahn eingeschlagen oder sich in die Forschung begeben? Und doch oder gerade deshalb kann so ein Netzwerk gut funktionieren.

Auf der anderen Seite gibt es auch einige Beispiele für gut funktionierende Netzwerke mit einem Themenfokus. In einem Netzwerk für Ärzte sind Ärzte unter sich und die Themen dürften sich bis auf den Willkommens-Small Talk zu Beginn eines Treffens sicherlich um Ärztethemen drehen. „Wie kommst Du mit der Gesundheitsreform klar" oder „Ich habe da derzeit eine Galle in Behandlung, da komme ich nicht weiter" sind die Themen, über die sich kein Außenstehender aufregt, weil es in einem solchen Netzwerk keine Außenstehenden gibt. Und wenn der Ehemann zu Hause geblieben ist, dann ist kein Ärger vorprogrammiert, kein „Schatz, ich will nach Hause. Schatz, mir ist so langweilig".

Netzwerke und die Frage, ob diese auch im Sinne des Networking funktionieren, haben zunächst nichts mit einem Themenfokus zu tun. Erfolgreiche Netzwerke gibt es mit und ohne diesen Fokus auf ein gemeinsames Spezialthema. Gerade im Web zeigt sich zudem, dass auch heterogene Netzwerke sehr gut funktionieren.

Einen Vorteil jedoch bieten diese themenfokussierten Netzwerke: Neuen Mitgliedern fällt es leichter, sich zurechtzufinden und das eigentliche Netzwerk hat es um ein Vielfaches leichter, auf sich aufmerksam zu machen. Denn je spitzer und eindeutiger die Spezialisierung ist, umso leichter wird man auch gefunden.

Vertikal – Ein Trend?

Im Internet ist ein immer stärkerer Trend zu sogenannten vertikalen Communities und Netzwerken zu beobachten. Long Tail macht es möglich. Heute kann jeder Abschlussjahrgang einer Schulklasse eine Online-Community gründen und schon verfügt wieder ein Offline-Netzwerk über ein eigenes Onlineportal im Internet. Es gibt einige Anbieter von Open-Source-Lösungen, um Communites im Netz aufzusetzen. Ganz ohne Programmiererfahrung geht es sogar mit Projekten wie OpenNetworX oder mixxt. Dort können User schnell und ohne jegliche Programmierkenntnisse eine eigenen Community im Internet ins Leben rufen.

Und auch zu den noch so spezialisierten Fachthemen werden Communities gegründet und so die Distanzen rund um den Globus verkürzt. Neben all dieser Spezialisierung und ihrer Daseinsberechtigung machen aber auch eher generalistisch aufgestellte Netzwerke Sinn, um den Austausch über Fachrichtungen, Branchen und Themen hinweg zu fördern und zu ermöglichen. Sozusagen das Pendant zum „Studium generale", einem Begriff aus der humboldt'schen Zeit, nach der Forderung, den Studenten das Studium aller Wissenschaftsbereiche zu ermöglichen.

Und so braucht jeder Netzwerker neben den speziellen Online-Communities für die eigenen Fachthemen und den speziellen Offline-Netzwerken aus Familie, Schule und Ex-Arbeitgebern auch ein wenig „Networking generale". Es macht durchaus Sinn, immer auch mal über den Tellerrand zu schauen und sich Anregungen aus fremden Branchen einzuholen. Oft ist eine erprobte Übung aus der einen Welt der neue und unerprobte Schlüssel zum Erfolg in der anderen Welt. Ganz im Sinne eines branchenübergreifenden Benchmarking.

1:n

Die Formel für den richtigen Mix lautet 1:n. Dabei steht die Eins für mindestens ein globales und branchenübergreifenden Netzwerk in dem Sie Mitglied werden sollten. Das kann auch eines für die Online-Welt und eines für die Offline-Welt sein; oder aber ein privates, aber eher übergreifendes Netzwerk. Sie sehen, Sie brauchen sich nicht exakt auf diese Zahl Eins festzulegen. Sie sollten zusätzlich auch weitere vertikale Netzwerke nutzen.

Sicherlich wird oft vor der Gefahr der Verzettelung gewarnt. Die Gefahr, nicht mehr durch das Netz der Netze hindurchzublicken ergibt sich jedoch eher, wenn Sie versuchen in einer Vielzahl dieser globalen eher horizontalen Netzwerke Ihre Mitgliedschaften zu managen. Denn bei den eher vertikalen Netzwerken werden Sie einige Netzwerke nur als Infoquelle nutzen. In anderen wiederum macht der Austausch Sinn, weil Sie dort Ihre aktuellen Fragen klären lassen können. So wird sich der Aufwand einpendeln.

Die größte Gefahr der Verzettelung ist genau dann gegeben, wenn Sie zu viele globale Netzwerke ohne trennscharfe Abgrenzung zueinander nutzen und wenn Sie Themennetzwerke ansteuern, die nur eine sehr kleine Schnittstelle zu Ihren aktuellen Themen haben. Vermeiden Sie dieses, dann behalten Sie auch einen Überblick und verhindern so den Netzwerk-Burn-out.

Wie horizontal und heterogen ist ein globales Netzwerk eigentlich?

In diesem Zusammenhang ist zudem ein interessantes Phänomen zu beobachten. Selbst die heterogenen, über Landesgrenzen hinweg aufgespannten Netzwerke bilden homogene Subnetzwerke und folgen beinahe immer dem gleichen Schema.

In einem Verband für die gesamte Softwareindustrie von Berlin und Brandenburg (SIBB e.V.) findet sich unter anderem ein Arbeitskreis Finanzdienstleister. Dieser wurde aber nicht vom Verbandsvorstand vorgegeben, sondern hat sich durch die Initiative der Mitglieder ergeben. Scheinbar gibt es eine Art Gesetz, dass ab einer bestimmten Größe von Netzwerken die Mitglieder automatisch kleinere und überschaubarere Subnetzwerke bilden.

Nehmen Sie XING mit seinen über sieben Millionen Mitgliedern. Heterogen, weltweit und alles andere als spezialisiert. Und mit zunehmender Größe dieses Business-Netzwerkes entstehen immer neue Subnetzwerke in Form von Gruppen. Mitte 2004, als XING noch OpenBC hieß, gab es ungefähr 60.000 registrierte Mitglieder auf der Plattform und bereits einige hundert Gruppen, in denen sich die Mitglieder zu speziellen Themen austauschen konnten. Heute gibt es über sieben Millionen Mitglieder und weit über 22.000 Gruppen, also 22.000 vertikale Netzwerke in einem global aufgespannten und horizontal orientierten Netzwerk.

Irrtum Nr. 42:
Richtig gutes Networking geht nur in Clubs, wie zum Beispiel dem Rotary Club

Was ist gutes Networking?

Wenn Sie sich diese Frage, die Frage nach dem guten Networking, hier an dieser Stelle immer noch stellen, dann kann dies mit Ihrer Lesegewohnheit zusammenhängen. Vielleicht haben Sie nicht linear die ersten 41 Irrtümer durchgearbeitet, sondern sind erst jetzt bei Irrtum Nr. 42 eingestiegen. Und wenn doch, dann hoffe ich, Ihnen wird die Frage noch bei den restlichen Irrtümern bis zur Nr. 77 beantwortet.

Wenn jemand einen solchen Irrtum ausspricht, dann ist derjenige bestimmt in einem solchen Service-Club oder einem ähnlichen Netzwerk Mitglied und hält die Fahne für „seinen" Club sehr hoch. Zugegeben, dagegen ist zunächst nichts einzuwenden.

Warum aber werden vor allem die alten tradierten Netzwerke, und bei diesen vor allem die sogenannten Service-Netzwerke, immer als besonders gute Netzwerke dargestellt?

Vermutlich liegt es daran, dass den meisten dieser Clubs das soziale Engagement der Mitglieder vorangeht und erst in zweiter Linie die ökonomischen Aspekte der Mitglieder untereinander nach außen getragen werden. Der soziale Aspekt steht im Vordergrund und dieses gemeinsame Thema bringt die Mitglieder auf einer völlig anderen Ebene zusammen, als ich es oben bei den „Akquisepartys" beschrieben habe. Eine der Kernideen der Service-Clubs ist das Freundschaftsprinzip. Die Clubmitglieder lernen sich untereinander zunächst auf freundschaftlicher Basis kennen, erst im zweiten Schritt ergeben sich dabei auch wirtschaftliche Möglichkeiten zwischen den Mitgliedern. Im Vordergrund steht jedoch zunächst das Gemeinwohl von Dritten, für die man sich gemeinsam engagiert.

Geschäft kann sich ergeben

Dabei ist es wichtig, dass sich die wirtschaftlichen Möglichkeiten zwischen den Mitgliedern ergeben und nicht das primäre Ziel darstellen. Das sogenannte Berufsgruppenprinzip unterstützt dieses „sich ergeben", denn in einem einzelnen Club werden nach Möglichkeit die unterschiedlichsten Berufsgruppen aufgenommen und im besten Fall von jeder Berufsgruppe nur einer. Hat man erst einmal den anderen bei einem gemeinsamen Wohltätigkeitsprojekt kennengelernt und gesehen, wie dieser mit anpacken kann, so fällt es leichter, ihm auch mal einen Auftrag zukommen zu lassen.

Doch nochmal, eine offizielle Verpflichtung gibt es nicht. Kein Druck und damit auch kein physikalisch induzierter Gegendruck. Mit Freiwilligkeit, das kennen Sie, funktioniert vieles viel leichter.

Alle sechs Service-Clubs sind von 1905 bis 1927 gegründet worden. Vier davon in den USA, zwei in Großbritannien. Wahrscheinlich ein weiterer Grund dafür, warum viele im Zusammenhang mit diesem Irrtum das Networking in den angelsächsischen Ländern begründet sehen (siehe auch Irrtum Nr. 12).

Doch die 100 Jahre, die diese Service-Clubs hinter sich gebracht haben, sind nicht der Grund dafür, dass man diese Netzwerke im Vergleich zu neueren Netzwerken als erfolgreicher einstufen könnte. Auch sind die Service-Clubs nicht näher am Thema Networking dran. Das Alter und die Tradition dieser Clubs stellen diese nicht per se über andere Netzwerke. Es sind eben eher die sozialen Grundideen abseits von Akquisition, Umsatz und geschäftlichen Zielen, die den Service-Clubs einen guten Ruf bescheren.

Es wäre jedoch anmaßend, anderen Netzwerken nicht den gleichen Erfolg beim Thema Netzwerken zuzuschreiben und es muss auch nicht immer dieser soziale Zusatzaspekt gegeben sein, damit ein Netzwerk ein Netzwerk ist. Das Engagement der Service-Clubs ist hoch zu honorieren, gerade in der heutigen Zeit, und doch entstehen in genau dieser Zeit moderne und neue Ansätze für Netzwerke.

Irrtum Nr. 43:
Networking-Gruppen sollten eine Zugangs-beschränkung haben

Irrtum Nr. 44:
Geschlossene Netzwerke haben die höchste Qualität

Türsteher gesucht?

Da steht plötzlich ein Türsteher vor einer beinahe normalen Kneipe und hat die Aufgabe, zu selektieren wer hineingelassen wird, und das in einer Kneipe, in die man gestern noch ohne Probleme hineingekommen ist. Einfach so. Okay, drinnen gab es nichts Besonderes und der Laden war niemals zum Bersten voll. Doch plötzlich gab es vor der Tür eine meterlange Schlange. Dem Türsteher sei Dank, alle wollten plötzlich rein.

Begehrlichkeiten wecken

Der Türsteher vor einer Disco ist den Besuchern dieser Lärmschuppen ja bereits vertraut gewesen, aber was macht der Kerl vor einer Kneipe? Seine Anwesenheit erreicht das Gegenteil von dem, was seine Kernaufgabe ist. Sein Auftrag lautet zu selektieren, dafür zu sorgen, dass der Laden, der gestern noch leer war, heute aus allen Nähten platzt. Seine mittelbare Aufgabe ist es, den Laden attraktiver und voller zu machen, als er es jemals war.

Zugangsbeschränkungen sorgen für Begehrlichkeiten. Wenn man etwas nur bekommen möchte, dann ist es viel interessanter, darum zu kämpfen, als wenn man es einfach so bekommen kann. Das oben beschriebene Beispiel ist übrigens keine Fiktion des Autors, sondern eine vor Jahren in Köln erlebte Realität. Schnell gab es nach dem ersten Kneipentürsteher eine Handvoll dieser Lokale, die mit der gleichen Masche versucht haben, ihre Läden attraktiver zu machen.

Abbildung 13:
Qualitätsnetzwerk

Auch in der Welt der Männer und Frauen sollte Ihnen dieses Spiel des „Sich-rar-machens" bestens bekannt sein. Im Flirtknigge steht da für die Frau geschrieben: „Mach dich rar, das macht dich attraktiv und weckt Begehrlichkeiten beim starken Mann". Die Version für den Mann lautet: „Bleib dran, denn es ist ja nur ein Spiel, damit dein Interesse geweckt wird".

Und wie sieht es nun bei Netzwerken aus? Welche Strategie macht Sinn? Aus Sicht des potenziellen neuen Mitglieds bleibt die psychologische Wirkung 100 % identisch. Wenn ein Netzwerk für Sie persönlich von hohem Interesse ist, weil dort Ihre Themen behandelt werden, weil dort die Menschen sind, die Sie in Ihrem wirtschaftlichen Umfeld weiterbringen können oder einfach nur, weil Sie dort Mitglied werden wollen und dieses Netzwerk zudem geschlossen ist, dann wollen Sie in der Regel dort rein.

Koste es, was es wolle?

Die Kombination aus dem vermuteten Nutzen und der Qualitätswahrnehmung durch die Beschränkung verfehlt ihre Wirkung nur in den seltensten Fällen. Oft haben diese Netzwerke lange Wartelisten oder die Aufnahme wird dadurch erschwert, dass mindestens zwei Mitglieder eine Empfehlung für das neue Mitglied aussprechen müssen. Es gibt in vielen Wirtschaftsclubs sogar richtige Bewerbungsgespräche, um in das Netzwerk aufgenommen zu werden.

Doch es gibt auch eine Gefahr für Netzwerke, die das Mitgliederaufkommen mit einer solchen Beschränkung steuern. Geht das Interesse bereits zu Beginn oder auch nach Jahren des Erfolgs zurück, ist ein Strategiewechsel wahrscheinlich das Ende eines solchen Netzwerkes. Den potenziellen neuen Mitgliedern wird schnell klar, dass dieses Netzwerk wohl nicht mehr hält, was es verspricht oder nicht den gewünschten Erfolg mit der Beschränkung erzielt hat. Eine einmal gesetzte Beschränkung sollte also in jedem Fall nicht geändert werden müssen. Ist man sich beim Aufbau eines Netzwerkes nicht sicher, sollte man die Beschränkung eventuell erst zu einem späteren Zeitpunkt setzen.

Internet-Communities und Beschränkung: Eine sinnvolle Strategie?

Die Wirkung dieser Beschränkung und die damit einhergehende Erhöhung der Attraktivität gilt übrigens für reale Netzwerke und ihre virtuellen Pendants im Internet gleichermaßen. Die Community ASMALLWORLD hat von Beginn an auf Exklusivität gesetzt. Nur edle Marken werden dort beworben und nur auf Einladung eines Mitglieds konnte und kann man dort aufgenommen werden. Zudem können auch nur ausgewählte Mitglieder neue Leute einladen und das auch nicht unbeschränkt. Ergebnis: Viele wollten unbedingt in das von Erik Wachtmeister im Jahr 2004 gegründete Netzwerk hinein. Mitglieder erhalten immer wieder Anfragen, ob Sie einladen dürfen. Ob man jedoch bei einer geschätzten Mitgliederzahl von derzeit über 200.000 und dem Ziel, diese Zahl deutlich zu erhöhen, noch von Exklusivität sprechen kann, darf durchaus bezweifelt werden.

Im Internet scheint eine Beschränkung mindestens immer dann kontraproduktiv, wenn das Netzwerk sein Erlösmodell in Werbeeinnahmen sucht, denn gerade dann braucht es Aktivitäten mit einer sehr hohen Frequenz auf der Plattform. Das gelingt selten mit nur ein paar exklusiven Mitgliedern, auch wenn diese eher zu der zahlungskräftigeren Klientel gehören.

Dass man gerade im Internet Netzwerke auch ohne Beschränkung attraktiv machen kann, zeigen natürlich Beispiele wie XING oder wer-kennt-wen.de. Bei XING sind es Anfang 2009 bereits über sieben Millionen Mitglieder und das völlig ohne Beschränkung. Dennoch bleibt das Netzwerk eher im Businessumfeld aktiv, welches auf die gute Fokussierung zurückzuführen ist. Anders bei wer-kennt-wen.de. Dieses eher auf den privaten Bereich ausgerichtete Netzwerk wächst schneller, als es die Gründer selbst vermutet hätten und sogar an den Platzhirschen StudiVZ oder den Lokalisten vorbei: keine Beschränkung, aber den Tipping Point überschritten, der Rest ist Geschichte.

Wie definiert sich Qualität in Netzwerken?

Online

Aus der Sicht der Betreiber

Betreiber von Online-Netzwerken beurteilen Netzwerke in der Regel über den Traffic, also unique Besucherzahlen und Seiteneinblendungen (PI's). In Business-Netzwerken macht es zudem Sinn, über die Position und den möglichen Einfluss der Mitglieder in deren Unternehmen die Qualität zu definieren.

Es ist banal, aber in einem Studentennetzwerk sollten Studenten und in einem Netzwerk für Ärzte sollten mehr Ärzte als Pharmareferenten zu finden sein. Nicht jedes Netzwerk schafft es, diese Regel auch einzuhalten. So tummeln sich Anfang 2009 im Studentennetzwerk knapp 20 % Mitglieder in der Alterszielgruppe der 14-19 Jährigen. Früh übt sich? Da brauchen wir uns ja um unseren Wissenschaftsnachwuchs keine Sorge mehr zu machen. Und wie es die 20 % Mitglieder ohne Schulabschluss an die Uni geschafft haben, bleibt indes auch fraglich. Natürlich hat ein Netzwerk wie StudiVZ keine strikte Beschränkung auf aktive Studenten, jedoch wird die avisierte Zielgruppe einem Netzwerk schnell den Rücken kehren, wenn dort eben nicht die angekündigte Zielgruppe zu finden ist.

Aus Sicht der Mitglieder

Mitglieder definieren ein Netzwerk eher über die persönliche Relevanz. Finde ich in dem Netzwerk meine Themen, meine Branche? Kennen die Mitglieder bereits eine gewisse Anzahl der anderen Mitglieder auf der Plattform, so erhöht sich das Vertrauen (Trustfaktor) in das Netzwerk. Die meisten neuen Mitglieder suchen – meist mit einem Tool unterstützt – als erstes nach den eigenen Kontakten aus dem Adressbuch in einem Netzwerk. Es wird nach Kollegen und Ex-Kollegen bei Business-Netzwerken wie XING oder LinkedIn gesucht und nach Freunden oder Nachbarn bei wer-kennt-wen.de oder den Lokalisten.

Offline

Aus der Sicht der Betreiber

So altruistisch die Ideen beim Aufbau von Netzwerken auch sein mögen, ein Offline-Netzwerk mit eigenem Clubgebäude und regelmäßigen Clubtreffen für die Mitglieder muss am Ende des Tages vor allem wirtschaftlich sein. Es hat in den letzten Jahren einige dieser regionalen Business Clubs gegeben, die selber oder deren Betreibergesellschaft wirtschaftlich in die Knie gegangen sind.

Daher braucht ein solches Netzwerk wie zum Beispiel ein Rotonda Business Club in Köln (weitere regionale Business Clubs finden Sie im Anhang) eine „wirtschaftliche" Anzahl an Mitgliedern, was direkt zum Start meist nicht funktioniert, da die Reputation zu Beginn noch nicht vorhanden ist. So haben einige Gründer dieser Netzwerke zu Beginn sehr viel Geld in den Aufbau gepumpt. Ohne diese Gründungsfinanzierung gäbe es heute viele Netzwerke gar nicht.

Aus Sicht der Mitglieder

Für Mitglieder ist in der Regel die Reputation eines Netzwerkes wichtig, denn oft überträgt sich diese Reputation auf das Mitglied. In manchen Netzwerken ist es eine Art Auszeichnung, dazuzugehören.

Mitglieder in Offline-Netzwerken fragen sich in der Regel, ob und wie sie sich einbringen können und welchen Nutzen sie im Netzwerk durch die anderen Mitglieder generieren können.

Irrtum Nr. 45:
Networking sollte nie einen wirtschaftlichen Bezug haben

Irrtum Nr. 46:
Networking macht nur Sinn mit einem wirtschaftlichen Bezug

Ja, was denn nun?

Networking hat auch etwas mit Mut zu tun. Mut, den Sie entwickeln (oder bereits haben), um auf andere Menschen zuzugehen. Die Beziehungen, die Sie dabei zu anderen Menschen aufbauen, sind eine unschätzbar wertvolle Währung innerhalb einer funktionierenden Netzwerkstruktur. Einen Umrechnungsfaktor in eine harte Währung nebst einer Auszahlstelle im globalen Netzwerkbüro werden Sie jedoch vergeblich suchen.

Ob nun Irrtum Nr. 45 oder Irrtum Nr. 46 eher Bestand haben, kann ich an dieser Stelle sehr salomonisch beantworten: Mal so und mal so.

Es gibt Netzwerke, da steht das Wirtschaftliche nicht offensichtlich im Vordergrund. In Ihrem Familiennetzwerk ist dies in der Regel so. Es sei denn, Sie entstammen einer hanseatischen Kaufmannsfamilie und jeder macht mit jedem stetig neue Geschäfte. Oder nehmen Sie Ihr Abschlussnetzwerk der letzten Schulklasse. Auch dort steht das Business meist nicht an allererster Stelle. Für die Netzwerkmitglieder bedeutet dies jedoch nicht zugleich, jegliche wirtschaftliche Chancen runterzuschlucken, zu vermeiden oder zu verteufeln. Wenn sich Business ergibt, dann darf es auch nicht zu einem Kampf werden, getreu dem Motto: „Nein, ich kann Ihr Angebot, zu einem Geschäft hier auf diesem Networking-Event leider nicht annehmen."

Hier an dieser Stelle empfehle ich Ihnen nochmals den Tipp bei Irrtum Nr. 15. Verkaufen Sie nicht aktiv in Netzwerken oder auf Networking-Events. Wenn Sie in die aktive Rolle eines Verkäufers schlüpfen, laufen Sie Gefahr, gemieden zu werden. „Verkaufen" und „Verkäufer" sind bei den meisten Menschen negativ belegte Begriffe. Aber all diese Menschen kaufen gerne, wenn sie die Entscheidungen während des Kaufprozesses, den Zeitpunkt zum Start, das Produkt und die Auswahl selbst bestimmen dürfen. Wenn eine Firma über ein Callcenter bei Ihnen anruft und Sie nicht darum gebeten haben, wimmeln Sie den armen und hilflosen Callcenter-Agent rigoros ab. Wenn Sie nach dem Studium des Otto-Katalogs (ja, oder Heine, Neckermann und für die Herren Conrad-Elektronik oder Pearl), jedoch zum Telefonhörer greifen, um dem selben Callcenter-Agenten Ihre Bestellung ins Ohr zu säuseln, können Sie die Lieferung Ihrer neuen Garderobe oder des neuen Elektronik-Gadgets kaum abwarten. Wir Menschen kaufen gerne. Es soll sogar Männer geben, die gerne kaufen. Aber eben nur dann, wenn sie den Kaufprozess selbst steuern und nicht 3,5 Sekunden nach dem Betreten der Kaufhausabteilung gefragt werden, ob man Ihnen eventuell weiterhelfen kann. Zumal Sie noch bei Betreten des Laden fest geplant haben, nicht hilfsbedürftig wirken zu wollen.

Will jemand in einem Netzwerk oder auf einem Networking-Event etwas von Ihnen kaufen, dann lassen Sie sich natürlich nicht zweimal bitten und verweisen Sie bitte auch nicht auf dieses Buch und sagen der Hahn hat aber geschrieben „Akquise ist nicht". Natürlich lehnen Sie zudem kein Angebot zu einem Businesstermin ab. Bei Ihnen ist kaufen erlaubt, denn das fördern Sie. Mit dem aktiven Verkaufen halten Sie sich jedoch ein wenig zurück.

Networking muss aber nicht immer einen wirtschaftlichen Bezug haben. Nicht immer muss es darum gehen, sich untereinander Aufträge zuzuschieben oder dem Neffen einen neuen Job zu vermitteln. Auch hier ist zumindest ein Teil der Aktivitäten der sechs großen Service-Clubs zu nennen, die sich seit vielen Jahren mit sozialen Projekten engagieren. Allerdings dringen diese Projekte selten mit großen Schlagzeilen in die Tagespresse, die meisten Aktionen finden ganz leise und ohne großes Aufhebens statt.

Wenn man sich die Entstehungsgeschichte dieser Service-Clubs zu Beginn des 20. Jahrhunderts betrachtet, dann könnte auch in der heutigen Zeit wieder eine Renaissance für die Idee des gemeinsamen sozialen Engagements entstehen. Zu einem funktionierenden Sozialstaat gehört auch ehrenamtliche Tätigkeit oder die Erhaltung von Sport-, Musik und Sport-Vereinen. Gerade in einer Zeit wie heute, in welcher der wirtschaftliche

Druck sehr hoch ist und durch die Krise die Zahl der aus einer solchen Situation Benachteiligten steigt, macht es Sinn, sich mit einer Art Solidaritätsgedanke zu beschäftigen.

An dieser Stelle sei auf die Arbeit von Dr. Sebastian Gradinger hingewiesen, der sich in den letzten Jahren sehr eindringlich mit dem Gedankengut der Service-Clubs beschäftigt hat.

Zudem geht es in Netzwerken auch oft um den globalen Wissensaustausch innerhalb einer Fachrichtung oder über die Branchen hinaus. Viele Manager suchen Netzwerke, um sich über Themen austauschen zu können, die sie im Unternehmen nicht oder noch nicht diskutieren möchten. Dieser Wissensaustausch findet ohne Monetarisierungsgedanken statt und auch nicht, weil die betreffende Person zu geizig ist, einen externen Consultant zu beauftragen. Zudem tun Unternehmensberater gut daran, die Kenntnis über diese Fragen nicht direkt in eine Akquiseattacke gegen das betreffende Unternehmen einzusetzen. Übrigens ein Grund, warum es Managernetzwerke gibt, die Berater, Trainer und Personalberater erst gar nicht in ihre Netzwerke hineinlassen und eine strikte Quote vorgeben. Das war nicht von Beginn an so, sondern ist einem langen Prozess geschuldet, in dem Berater immer wieder die Akquise in einem Netzwerk in den Vordergrund gestellt haben.

Es gibt Netzwerke, bei denen zu den dort angebotenen Events mehr Berater erscheinen, als die avisierte Hauptzielgruppe. Und von Mal zu Mal werden es weniger, weil sich die Mitglieder in einer Luft voller Vertriebsgeruch selten wohl fühlen. Auch bei vielen Messen ist der Anteil von Verkäufern und Ausstellern, die sich gegenseitig etwas verkaufen wollen oft höher als der der eigentlichen Kunden. Dabei ist ja auch eine Messe ein hervorragendes Networking-Event. Schade, denn die Zielgruppe der Berater und Trainer ist ja nicht per se eine zu meidende Zielgruppe. Wertvolle Erkenntnisse kann ein Netzwerk von deren externem Blick auf die Dinge erfahren. Einen echten Mehrwert können Berater einem Netzwerk liefern. Aber hier gilt vielleicht tatsächlich einmal die Ausnahme meiner Regel über Geben und Nehmen. Sind die ersten Aktivitäten eines Mitglieds auf Nehmen und Akquise ausgerichtet, geht es schief. Riecht es zudem für die Mitglieder auch beim ersten Geben direkt nach Akquisition, geht es genau so schief.

Irrtum Nr. 47:
Kostenlose Netzwerke bringen keinen Nutzen

Was nix kost' ist nix!

Wenn alle Dinge, die nichts kosten dem Empfänger automatisch keinen Nutzen bringen würden und wenn zudem die Theorie stimmt, dass wir Dinge nur nutzen, wenn sie einen Nutzen bringen, dann können bereits diese wenigen Zeilen den oben genannten Irrtum entkräften.

Auf der anderen Seite bleibt die Frage, ob kostenlos auch immer kostenlos im Sinne von Aufwand ist. Nehmen wir nochmal eines Ihrer Netzwerke, in denen Sie sozusagen automatisch Mitglied sind. Zum Beispiel das Alumninetzwerk eines Ihrer früheren Arbeitgeber. Wenn daraus kein professioneller Verein entstanden ist, der von Ihnen eine jährliche Mitgliedsgebühr abverlangt, dann ist dieses Netzwerk für Sie kostenlos, wenn es um die Zahlung einer Gebühr geht. Wenn Sie es nutzen wollen und damit auch einen Nutzen für sich persönlich ableiten wollen, dann ist dieses Alumninetzwerk jedoch mit einem Aufwand für Sie verbunden. Vielleicht sogar mit einem finanziellen Aufwand um zu einem Treffen zu fahren, Übernachtungen zu begleichen und dergleichen. Die Frage nach dem Nutzen über die Kosten beziehungsweise Nichtkosten einer eventuellen Mitgliedschaft zu definieren, scheint somit ein wenig kurz gegriffen. Was nix kost', kann also durchaus etwas sein und der Einzige, der dies für sich entscheidet, ist der Empfänger der kostenlosen Leistung.

Im Internet und seinen unzähligen Communities sieht das ähnlich aus. Facebook kostet nichts. Aber nur deshalb zu behaupten, dieses in den USA gegründete Netzwerk bringt keinen Nutzen, ist schlichtweg falsch. Interessant sind in diesem Zusammenhang auch die Communities, die zwei unterschiedliche Zugangswege anbieten: kostenlos Mitglied im Rahmen einer eingeschränkten Basismitgliedschaft sein oder als Premiummitglied einen Beitrag leisten, um dafür auch erweiterte Dienstleistungen in Anspruch nehmen zu können. XING ist ein solches Netzwerk. Übertragen wir den Irrtum auf dieses Modell und hätte der Irrtum Bestand, dann müssten alle Basismitglieder entweder der Plattform den Rücken kehren oder aber alle würden auf den kostenpflichtigen Tarif wechseln. Ich würde es den Hamburgern ja gönnen, aber auch die Basismitglieder haben sich mit dem Tarif arrangiert und ihren Nutzen auch ohne die zusätzlichen Leistungen für sich definiert.

Um jedoch vor einem endgültigen Fazit zu diesem Irrtum jede Blickrichtung einzunehmen, sei noch ein kurzer Blick auf die Betreiber dieser Netzwerke erlaubt. Haben die Betreiber denn einen Nutzen, wenn sie kostenlose Netzwerke aufbauen und anbieten? Die kurze Antwort: Na klar, sie würden es sonst nicht tun oder nach einiger Zeit einstellen. Hier geht es nicht immer nur um einen messbaren und positiven Return on Invest. Vor allem bei dem einen oder anderen Offline-Netzwerk geht es hin und wieder auch um wohltätige Zwecke, Markenbildung oder zum Beispiel das Image als Arbeitgeber, wie dies bei dem einen oder anderen Alumninetzwerk der Fall ist. Anders ist es wiederum bei Internet-Communities. Da erhoffen sich die Betreiber durch das kostenlose Angebot eine höhere Zahl an Mitgliedern und eine Refinanzierung über Werbeeinnahmen und andere Quellen, aber das gehört dann eher in ein Fachbuch über die Vermarktungsstrategien von Internet-Plattformen.

Wenn überhaupt, dann kann man nur einen Nachteil bei der „Kostenlos-Strategie" finden. Die Zielgruppensteuerung über den Preis gibt ein Betreiber mit dieser Preispolitik aus der Hand. Über den Preis und vor allem über einen hohen Preis habe ich als Betreiber ein erstes Instrument zur Zielgruppensteuerung. Selbstredend, dass ich dieses mit „kostenlos" auf der Eintrittskarte fast abgebe. Fast, denn über eine Beschränkung kombiniert mit einer sicherlich aufwendigen Zielgruppenselektion hole ich mir das Zepter wieder zurück.

Binsenweisheiten?

„Was nix kost', is' nix" ist schnell dahergesagt, ein beliebter und häufig genutzter Spruch. In vielen Anwendungsfällen handelt es sich aber eben nur um einen platten Spruch ohne Substanz. Vor allem wenn es um die Frage nach einer Nutzendefinition von kostenlosen Dienstleistungen oder Produkten geht. Empfänger und Anbieter einer kostenlosen Leistung würden niemals zusammenkommen, wenn sich für einen der beiden kein Nutzen ableiten ließe. Und auf Dauer, so viel dürfte auch klar sein, muss sich dieser viel beschworene Nutzen für beide Parteien ergeben, sonst steigt eine Partei aus.

Interview mit Niels Pfläging

Speaker, Autor, Management-Advisor MetaManagement Group

Ich bin Netzwerker, weil ...
... man alleine nichts schaffen, nichts erreichen kann – sondern immer nur durch miteinander und füreinander Leisten.

Ich bin Netzwerker seit ...
... ich auf der Grundschule erstmals zum Klassensprecher gewählt wurde, zumindest bewusst – danach hat das verschiedenste Formen angenommen, aber nie mehr aufgehört.

Im Buchtitel dreht es sich um Irrtümer und Networking. Was ist aus Ihrer Sicht der größte Irrtum im Umgang mit dem Thema Networking?
Zu glauben, dass man durch Networking direkt und unmittelbar genau die Wirkung erzielt, die man sich gerade wünscht.

Warum würden Sie sich selbst als Netzwerker bezeichnen?
Weil Menschen mich des Öfteren als Netzwerker bezeichnen – das ist wohl ein Etikett, das man verliehen bekommt und sich nicht selbst anzuheften braucht.

Wann sollte man mit dem Netzwerkaufbau beginnen?
Wer das noch nicht getan hat, für den gibt es ja eigentlich nur eine sinnvolle Möglichkeit: Jetzt.

Was ist Ihr Networking-Highlight?
Sicher die Online-Technologien, die das Networking so sehr erleichtern... für mich sind das Internet, E-Mail, XING, Skype und so weiter – was wäre ich ohne sie?

ONLINE-Networking versus OFFLINE-Networking, welcher Netzwerktyp sind Sie?
70 % online, 30 % offline.

Wie viel Networking braucht der Mensch?
Wer viel wachsen will, braucht viel Networking – nur wer vorhat, wenig zu wachsen, kommt mit wenig aus.

77 Irrtümer, und was ist Ihr ultimativer Tipp für erfolgreiches Netzwerken?
Netzwerken hat was mit Leidenschaft für Menschen zu tun, mit Liebe – zwingen kann man sich oder andere also nicht dazu.

Kapitel 11
Der Untergang

Irrtum Nr. 48:
Akquisiteure unter sich

Morgens um 07:30 Uhr antreten zum Netzwerkappell!

Nicht nur bei Begriffen wie Networking und Netzwerk stolpern wir zuweilen über die Mehrdeutigkeit unserer Sprache. Unsere Sprache bietet reich-
lich Stoff für Mehrdeutigkeiten und Kommunikationsirrtümer, bestimmt
genügend Stoff für ein neues Buch. Geben Sie Netzwerk bei Google ein,
vermutet die Suchmaschine vorranging, Sie suchen nach einem technischen EDV-Netzwerk. Sie wissen schon, das mit den grauen oder bunten
Kabeln durch die die ganzen Nullen und Einsen von Computer zu Computer rauschen. Woher soll die Suchmaschine auch wissen, dass Sie ein
Netzwerk zum geschäftlichen Netzwerken suchen. Vielleicht ist der Such-
begriff aber auch zu banal gewählt, geben Sie mal zu Testzwecken „+Netz-
werk" und „+Ort" ein. Nein, nicht „Ort", sondern einen Ort, in dem Sie ein
Netzwerk suchen. Je nach Ort gibt es da spannende Ergebnisse.

Da ich Ihnen als Leser jedoch einiges zutraue, will ich mich einer anderen
Doppeldeutigkeit zuwenden. Es geht um Netzwerke für Akquisiteure. Na-

Abbildung 14: Netzwerk-Akquise-Appell

türlich bleibe ich auch an dieser Stelle meiner Definition treu, dass man hier – wenn zwei oder mehr Menschen regelmäßig zusammenkommen – durchaus von einem Netzwerk sprechen kann. Aber die Gretchenfrage, die ich hier mit Ihnen diskutieren möchte, ist, ob man hier auch von Netzwerkern und Netzwerken sprechen kann.

Auf zwei typische Netzwerke habe ich es in diesem Kapitel abgesehen und ich schreibe es schon mal vorweg: **Netzwerk ja, Networking nein.**

Haben Akquisitions-Netzwerke etwas mit Networking zu tun?

Wenn die Bezeichnung eines Netzwerks „Netzwerk" beinhaltet, dann ist das noch lange kein Garant dafür, dass die Mitglieder allesamt Netzwerker sind. Und wenn dann auch noch ein Business hinzukommt, dann erhöht das zwar in der Regel den Preis für die Mitgliedschaft, da die Mitglieder ja ohne Aufträge hinkommen und mit vollen Auftragsbüchern zurückkommen. Analog zu den angestaubten (das hatten wir schon) aber immerhin seriösen Service-Clubs sind dann diese Netzwerke auch noch in Chapter quer über den gesamten Globus verteilt. Was diesen Organisationen (knapp eine Handvoll habe ich kennengelernt) aber in jedem Fall gut geschrieben werden kann: Sie verstehen ihre Zielgruppe. Allesamt erfolgreiche Businessleute, die keine Minute zu vergeuden haben. Zwölf Stunden an sieben Tagen reißen diese Menschen Aufträge an Land und sind im Dienst Ihrer Kunden unterwegs. Für Networking bleibt hier zugegebenermaßen keine Zeit. Wären da nicht diese Business-Netzwerke, die noch eine Lücke gefunden haben. Frühstück um 07:00 Uhr. Und das Ganze nicht hin und wieder, wenn Sie mal Lust dazu haben, sondern jede Woche. Und damit sich die Teilnehmer nicht verplappern, gibt es bei den meisten dieser Netzwerke einen straffen Organisationsplan, in dem die 60 sek-Rede oder Begriffe wie Rapport vorkommen. Da werden die besten Netzwerker ausgezeichnet, Preise ausgelobt und immer geht es nur um eins: Abschlüsse.

Weil ich jetzt schon weiß, dass ich ein Kapitel 14 über Akquise schreiben werde, will ich hier an dieser Stelle noch nicht so tief in dieses Thema einsteigen. Nur so viel an dieser Stelle. Wenn ich im Kern gezwungen werde, den Elektroinstallateur aus meinem Chapter zu empfehlen, den ich bisher zweimal 60 Sekunden erlebt habe, aber nicht den Installateur, der mir seit Jahren bei dieser Art von Dingen zur Hand geht, dann ist das in jedem Fall Akquise und weit entfernt von Networking. Empfehlungen geben wir freiwillig und das beinahe täglich. Oder verweigern Sie Ihrem neuen Nachbarn eine Antwort auf die Frage nach einem guten Hausarzt?

Wenn ich dann noch alle sieben Tage über die Weitergabe meiner Visitenkarten, beziehungsweise richtig müsste es lauten, über die Weitergabe der in meinem Besitz befindlichen Visitenkarten von meinen Chapter-Kollegen berichten muss, dann erinnert mich das an den regelmäßigen Rapport der Mitglieder in einem anderen Netzwerk über die verkauften Abos vor Kaufhof, Karstadt oder an der Haustür. Der Titel des angedeuteten Abos passt natürlich perfekt zum Frühstück um 07:00 Uhr. Zugegeben, die Branchen sind gänzlich unterschiedlich.

Aber nicht, dass Sie mich nun falsch verstehen. Ich habe nichts gegen diese Form der Akquise, für alle die gerne früh aufstehen, gesellig frühstücken möchten und gerne für andere akquirieren. Ach, Sie akquirieren gerne? Mit Erfolg? Warum brauchen Sie dann ein solches Netzwerk? Wenn Ihre Bücher doch voll sind, dann haben Sie ja sowieso keine Zeit, Woche für Woche diesen Berg an Zusatzaufträgen abzuarbeiten.

Und wenn Sie keine vollen Bücher haben, dann könnte das ja auch an Ihrer eigenen Akquiseleistung liegen (Entschuldigung, dass ich so direkt bin), an der Frequenz oder an der Qualität Ihrer Vorgehensweise. Da bringt Sie dann jedoch weder ein Frühstücksnetzwerk noch dieses Buch weiter. Zumal Sie in diesen Netzwerken ja auch noch für die anderen die Aufträge gleich mit akquirieren sollen. Wenn Sie bei diesem Thema aber doch selber eine Gap (hier zu diesem Zweck einfach übersetzt: Lücke zum gewünschten Verhalten) vorweisen, wie sollen Sie denn dann auch noch mit Elan für die anderen Mitglieder mal eben so und unbeschwert die Auftragsbücher füllen? Und nur, weil Sie mit einem Schreinerauftrag zum Kunden gerufen werden, hat dieser doch nicht Muße, mit Ihnen danach zu suchen, ob es nicht auch noch ein bisschen Unternehmensberatung sein darf. Getreu dem Motto: Darf es auch ein bisschen mehr sein? Ihr Kunde steht doch nicht an der Wursttheke.

Also, entweder Sie alle sind erfolgreich, dann müssen Sie zumindest einmal in der Woche nicht mehr alleine frühstücken oder sich beim Frühstückstisch mit Ihrer Familie auseinander setzen. Oder aber Sie alle können nicht akquirieren und haben leere Bücher, dann ist es bestimmt klasse, mit Gleichgesinnten über knausrige und abschlussunwillige Kunden zu lästern, die Krise zu beklagen und nach Schuldigen zu suchen. Das Jammernetzwerk ist geboren.

Einige andere Netzwerke, von denen es deutlich mehr gibt, gehören zur zweiten Gruppe, auf die ich es abgesehen habe. Auch hier gilt: Ich meine alle Netzwerke, nur nicht das, in welchem Sie gerade Mitglied sind. Sonst werfen Sie mir noch vor, ich würde unhöflich mit meinen Lesern umgehen.

Network-Marketing ...

... und am besten direkt auf einem multiplen Level. Das gibt es aber auch in den Versionen Empfehlungsmarketing oder Strukturvertrieb. Gerade der letzte Begriff ist für diese Art des Vertriebs der inhaltlich ehrlichste.

Auch hier will ich durchaus einräumen, dass die Protagonisten all dieser Vertriebe zusammengenommen ein gewaltiges Netzwerk rund um den Erdball spinnen und auch jeder einzelne dieser Strukturvertriebe, sei er noch so klein oder groß, für sich genommen ein Netzwerk ist. Doch auch hier möchte ich bezweifeln, dass sich der Großteil der Mitglieder mit Networking beschäftigt. Auch hier geht es um Verkaufen, nicht mehr und nicht weniger.

Damit will ich Network-Marketing nicht vorschnell in die Schmuddelecke schieben. Doch wenn ich im Netz auf Seiten wie „nextmlmmillionaire. com" treffe, dann weckt das durchaus Zweifel an der Seriosität dieses Vertriebswegs. Auch als Teilnehmer bei manch einer Recruiting-Veranstaltung wird einem schwindelig, wenn das neue Auto schon fast vor der Tür steht, und Luxus und Reichtum leicht machbar sind. Man muss nur wollen und unterschreiben. Und dennoch werden die meisten von uns schon einmal über diesen Vertriebsweg eingekauft haben, eben weil ihnen ja ein guter Bekannter die Ware empfohlen hat. Hier wird ja nicht verkauft, hier wird empfohlen. Und die Verkäufer, äh „Empfehler", sind ja nicht nur Anbieter und Käufer ihrer Ware, sondern immer auch unter der Human-Ressource-Flagge unterwegs und wollen aus zufriedenen Kunden auch begeisterte Mitarbeiter in Ihrer Multi-Level-Struktur machen. Denn dann geht es eine Stufe nach oben und man ist dem Ziel Millionär zu werden, wieder ein Stück näher gekommen.

Vorzeigeprodukte wie Tupperware mögen den Blick auf das System hinter dem System zunächst verdecken, aber im Grunde geht es nur um das eine: verkaufen, verkaufen, verkaufen. Und die Besten bekommen Geld, Anerkennung, Reisen und was es sonst noch so an Annehmlichkeiten gibt. Und die Schlechten? Auch die bekommen das bei den meisten Strukturvertrieben zu spüren. Ohne Reisen, aber dafür mit einer Menge bedingt negativer Strokes – besser als gar keine Anerkennung, weiß die Transaktionsanalyse zu berichten. Aber auf Dauer wird es hier nicht lange bei einer Zusammenarbeit bleiben. Das Netz ist voll von Ehemaligen, die ein Lied davon singen können. Die schreiben dann ungern in Ihre Vita, dass Sie dem Alumninetzwerk für das MLM-Nahrungsergänzungspräparat angehören.

Womit wir dann auch schon beim negativen Teil dieser Netzwerke angekommen sind. Viele der Produkte kann man wahrscheinlich nur verkaufen, wenn der beste Freund dem demnächst nicht mehr besten Freund irgendwelche Pillen mit Vitaminen und Ergänzungsstoffen auf dem Sofa verkauft. Heute warnen bereits viele durchaus ernstzunehmende Wissen-schaftler vor der unreflektierten Einnahme solcher Produkte, die teilweise den Anschein verbreiten, eine einzige Pille würde als Ersatz der komplet-ten Hausapotheke dienen.

Fazit

Wird ein vermeintliches Netzwerk mit Zwang, Vertrieb und Umsatzzahlen angereichert, dann ist dies der Untergang des Networking. Ob diese Art des Vertriebs zu Ihnen passt, müssen Sie ganz alleine entscheiden, da will und kann dieses Buch Ihnen nicht weiterhelfen. Networking bleibt im ersten Schritt akquisefrei und freiwillig. Sie wissen schon: bedingungslos halt.

Ob sich daraus Vertrieb entwickeln kann..., ich wäre der letzte der dies ne-giert. Aber es darf halt nicht als Erstes auf der Agenda eines funktionieren-den Netzwerks stehen. Und schließlich, um es mir nicht mit allen MLM-Fans zu verscherzen, mag es auch echte Netzwerker unter Ihnen geben. Aber dann hübsch Network-Marketing und Netzwerken voneinander tren-nen. Geschäft ist Geschäft.

Irrtum Nr. 49:
Internetnetzwerke machen es Fake-Usern leicht und machen Networking kaputt

Gestatten, Harald Schmidt. Ich auch!

Der wesentliche Unterschied zwischen realen Netzwerken, bei denen sich die Mitglieder live und im Besitz all ihrer geistigen Fähigkeiten treffen, und einer Internet-Community ist die Sache mit den Fake-Profilen. Versuchen Sie mal, als Harald Schmidt zum nächsten Ehemaligentreffen Ihres Ab-schlussjahrgangs zu gehen. Schwierig? Leichter haben Sie es da im Inter-net. Dass die Sache mit Herrn Schmidt gar nicht so weit hergeholt ist, zeigte sich im April 2009 – und nein, nicht am Ersten. Wochenlang twit-terte Harald Schmidt, sorry Robert Michel alias Harald Schmidt und hielt die Welt zum Narren. Es war inhaltlich so gut gemacht, dass der echte Ha-rald schwieg und auch die ARD machte auf den Twitter-Account seines

Moderators aufmerksam. Sogar die Presse nutze ein paar Gags und angebliche Backstage-Informationen zur weiteren Verbreitung.

Aber wie Sie sehen, es ist aufgeflogen und damit folgt Regel Nr. 1 für Ihren Umgang im Netz. Bleiben Sie Sie selbst und vor allem authentisch, denn am Ende fliegt sowieso alles auf. Egal, ob der Vatikan angeblich oder wirklich bei Wikipedia ein bisschen an der Geschichte schraubt oder diverse andere Firmen aus ihren Mitarbeitern Kunden machen, die dann fromm, frei und fröhlich in den einschlägigen Bewertungsportalen von den Produkten ihres Chefs schwärmen. Mehr als einmal ist die Sache bereits aufgeflogen.

In vielen Internetnetzwerken treiben Fakes ihr Unwesen und führen die anderen Mitglieder an der Nase herum. Besonders gern wird dies in den einschlägigen Dating Communities gemacht, wo der User viel Geld dafür zahlt, um mit der „professionellen Hausfrauen" auf 400-Euro-Basis zu chatten anstatt mit der heiß und innig herbeigesehnten Traumfrau. Doch auch die negativen Seiten des Internets in Bezug auf Networking und Netzwerke sollten Sie nicht abschrecken, sich diese Netzwerke gezielt zunutze zu machen.

An zwei Stellen habe ich bereits den Begriff Trustfaktor ins Spiel gebracht. Wenn Sie ein Netzwerk gefunden haben, das für Sie eine hohe Relevanz für Ihre Themen oder geschäftlichen Aktivitäten verspricht, dann prüfen Sie in diesem Netzwerk, ob es bereits Mitglieder dort gibt, die Sie persönlich kennen. Je mehr das sind, desto höher wird Ihr Vertrauen in die „Echtheit" der Mitglieder ausfallen. Bietet der Betreiber zudem an, dass sich die Mitglieder auch regelmäßig treffen, dann ist auch dies ein vertrauensbildender Faktor.

Nun nochmal zurück zum Kern des Irrtums. Networking wird kaputt gemacht, unterwandert oder sogar zerstört, wenn das Internet Fakes ermöglicht. Sozusagen ein weiteres Untergangsszenario für das tradierte Networking? Mitnichten. Das Internet kann ohnehin immer nur ein Werkzeug für einen Netzwerker sein. Ein gutes Werkzeug, soviel ist klar, und die Gefahr, dass dieses Werkzeug durch Fake-User Schaden nimmt, ist unbestritten. Die Auswirkungen auf Ihr mit diesem Werkzeug gepflegtes „echtes" Netzwerk sind jedoch gering. Networking werden Sie im Wesentlichen im realen Leben bestreiten. Mit einem Fake-User werden Sie sich jedoch nie treffen, denn den gibt es ja im realen Leben gar nicht. Okay, es gibt ihn schon, aber nicht mit der Identität, mit der dieser im Netz unterwegs ist. Der Schaden für Sie bleibt auf die Zeit beschränkt, die Sie in die Kommunikation mit der Person, die sie gar nicht ist, verwendet haben. Der Schaden für die Internet-Community ist umso größer. Wenn die Betreiber – vor allem von Business-Netzwerken – nicht dafür sorgen, dass der Vertrauensfaktor auf einem hohen Level bleibt, besteht die Gefahr, dass die User dem Netzwerk den Rücken kehren.

Einer der wesentlichen Trustfaktoren für Online-Communities ist die Verbindung in die reale Welt. Eine Möglichkeit, diese Verbindung zu schaffen, sind reale Treffen der Mitglieder. Die brauchen noch nicht einmal von den offiziellen Betreibern organisiert werden. Tun sie dies jedoch tatsächlich nicht, so regeln sich solche Netzwerke hin und wieder von ganz alleine. Ein Beispiel ist das Netzwerk XING. Als dieses Business-Netzwerk noch openBC (offener Wirtschaftsclub) als Namen trug, gab es seitens der Geschäftsführung (einen davon haben Sie beim Lesen des Vorworts kennengelernt) keine Aktivitäten für regionale oder überregionale Treffen der Mitglieder. Warum auch? Immerhin war die Idee ja nicht, mit einem der etablierten Wirtschaftsclubs am Ort in den Wettbewerb zu treten. Die gesamte Idee sollte ein Transfer der realen Kontakte ausschließlich ins Internet sein. Aber, und das war gewollt oder ungewollt die richtige Entscheidung, man verhinderte in Hamburg auch nicht die ersten Aktivitäten der Mitglieder, sich offline zu treffen.

In beinahe jeder größeren Stadt von Hamburg über Berlin und Düsseldorf, in Köln, Frankfurt und München starteten Mitglieder – ohne dies als ihr Kernbusiness zu betreiben – regionale openBC-Treffen. Je nach Ort kommen da heute auch mal über 1.000 Mitglieder zusammen und lernen ihre zuvor virtuell geknüpften Kontakte dort live kennen. Die Idee zu diesen Treffen zwang sich einzelnen Mitgliedern sozusagen auf. Es brauchte dann nur noch jemanden, der damit startet. Es hat dann aber auch nicht lange gedauert, da hat die XING-Führung die Bedeutung der Treffen als Qualitätsmerkmal erkannt. Heute sind diese Treffen sogar offizielle XING-Treffen und werden von sogenannten XING-Ambassadoren organisiert. Das sind übrigens fast überall die gleichen Menschen, die dies vorher auch ohne den Ambassadoren-Status getan haben.

Ich bin übrigens sicher, dass sich der Wettbewerber LinkedIn in Deutschland nur deshalb so schwer tut, weil er die reale Vernetzung der Mitglieder hier in Deutschland nicht in dieser Form unterstützt. Hinzu kommt sicherlich, dass LinkedIn eine lange Zeit auf Fotos seiner Mitglieder in den Profilen verzichtet hat. Auch Fotos verhindern in geringem Maß Fake-User und tragen in hohem Maß zur Vertrauensbildung bei. Aber Vorsicht! Auf das Foto kommt es an. Wenn Sie mit Ihrem Profil in einer Internet-Community etwas aussagen wollen, dann sollten Sie gerne auch mal in einen professionellen Fotografen investieren.

Warum der Offline-Faktor in Online-Netzwerken so wichtig ist

Das Internet ist rasend schnell. Schnell entstehen neue Geschäftsmodelle und schnell werden sogar vorhandene und zunächst erfolgreiche Geschäftsmodelle von noch besseren Geschäftsmodellen überholt. Gleiches gilt auch für virtuelle Communities im Netz.

Ein Netzwerk sollte jedoch auch aus der Sicht der meisten Protagonisten, die sich mit einem Netzwerk auseinander setzen wollen und dort eine Mitgliedschaft suchen, etwas Beständiges haben. Eine reine virtuelle Community ist wie ein riesiger Glasbehälter, der für die technische Plattform steht und eine Vielzahl von Kieselsteinen, die die Mitglieder darstellen. Zwischen den Steinen gibt es zwar kleine Verbindungsflächen, würde die Community jedoch wegfallen, also in diesem Bild das Glas zerbrechen, dann lösen sich die Kontakte ganz leicht.

Füllt man jedoch eine klebrige Masse zwischen die Steine, dann bleiben die Kontakte auch ohne die technische Plattform, das Glas, bestehen. Wissen die Mitglieder um die Möglichkeit dieser Masse, dann erhöht dies wiederrum den Trustfaktor der Community.

Die Masse mag in diesem Bild Klebstoff sein, in der realen Welt der Internet-Communities ist sie die reale Verknüpfung der Mitglieder durch Offline-Events.

Offline-Events geben den Mitgliedern also den Halt und die Verbindung untereinander und über das Internet hinaus.

Interview mit Elischeba Wilde

Mrs. Germany 2008/2009

Ich bin Netzwerker, weil ...
... ich einen Großteil meiner Kooperationen und Aufträge durch Akquise und Eigeninitiative erhalte.

Ich bin Netzwerker seit ...
... mehr als fünf Jahren.

Im Buchtitel dreht es sich um Irrtümer und Networking. Was ist aus Ihrer Sicht der größte Irrtum im Umgang mit dem Thema Networking?
Der größte Irrtum ist wohl der, dass das Sammeln von Kontakten im Internet immer oberflächlich bleibt.

Warum würden Sie sich selbst als Netzwerker bezeichnen?
Ich bezeichne mich als Netzwerker, da ich mir gezielt einen Kreis an Menschen aufbaue, der für mich interessant ist. Damit beginne ich fast immer online und setze die Begegnungen offline fort.

Wann sollte man mit dem Netzwerkaufbau beginnen?
Am besten sofort – es sei denn man wünscht keine Veränderungen, Horizonterweiterungen oder Verbesserungen in seinem Business.

Was ist Ihr Networking-Highlight?
Da gibt es viele, ich nenne mal zwei: Eine junge Frau hat mich nach einem Kontakt im Business-Forum vier Tage nach Mallorca eingeladen. Neben PR für uns beide sollte ich mich vor der Mrs. World Wahl ein bisschen in ihrer Finca entspannen und täglich Massagen genießen. Dadurch ist eine wunderbare Freundschaft entstanden. Nun bin ich das Werbegesicht für ihre hochwertigen und wohl duftenden Gesichtsöle.
Beispiel zwei: Ein Kieferorthopäde mit eigener Praxis hat mich im gleichen Business-Forum entdeckt, in dem ich sehr aktiv bin. Heute

bin ich seine feste Moderatorin für sämtliche Events, Botschafterin für Diagnostik ohne Röntgenstrahlen, seine Pressesprecherin und das Dauermodel wenn neue Flyer oder Kataloge gedruckt werden sollen. Der schöne Nebeneffekt: Auch hier hat sich eine Freundschaft zum ganzen Team entwickelt.

ONLINE-Networking versus OFFLINE-Networking, welcher Netzwerktyp sind Sie?
Wenn es ums Business geht, dann beginne ich meistens online. Allerdings wähle ich dann recht schnell den zweiten Weg des persönlichen Gesprächs. Online werden die Kontakte gesucht und gesammelt und offline gepflegt.

Wie viel Networking braucht der Mensch?
So viel, wie er sich wünscht. Wer den Wunsch hat, dass alles im Leben so bleibt wie es ist, der braucht gar kein Networking.

77 Irrtümer, und was ist Ihr ultimativer Tipp für erfolgreiches Netzwerken?
In der Ruhe liegt die Kraft: Anstatt irgendetwas zu überstürzen, regelmäßig ein bisschen das Netzwerk aufbauen. Ich nehme mir ein paar Stunden die Woche gezielt Zeit dafür.

Kapitel 12
Networking 3.0

Irrtum Nr. 50:
Networking geht nur live

Es erleichtert die Sache ungemein.

Dieser Irrtum mag der Grund sein, weshalb manche Mitglieder in Online-Communities Kontakte ablehnen, wenn sie diese nicht persönlich kennen. Eine Strategie, die Sie respektieren müssen, wenn Sie mal mit einer solchen Antwort konfrontiert werden. Was bleibt Ihnen auch anderes übrig? Sollten Sie selber bisher eher diese Strategie verfolgen, dann will ich Ihnen mit diesem Kapitel einen kleinen Perspektivenwechsel anbieten.

Keine Frage, ein Netzwerk, welches Sie über Ihre persönlichen Kontakte entwickeln, wäre sicherlich einem ausschließlich über virtuelle Kontakte zusammengewürfeltem Netzwerk vorzuziehen. Dass jemand die eine, wie die andere Strategie ohne wenn und aber durchhalten kann, mag an dieser Stelle bezweifelt werden. Vor allem der Aufbau eines rein virtuellen Netzwerkes ist nicht möglich, denn dann dürften Sie ja nie jemanden persönlich kennenlernen.

Der ausschließliche Aufbau eines realen Netzwerkes ist jedoch sehr wohl möglich und war bis zum Web 2.0 nun mal auch die einzige Möglichkeit, ein solches aufzubauen. Heute gibt es das Web mit all seinen Angeboten an Social Networks teilzuhaben. Warum also sollten Sie Ihr Netzwerk nicht auch mit diesen Kontakten anreichern und Ihr persönliches Netzwerk aus einer kombinierten Online- und Offline-Strategie entwickeln.

Sicherlich wird hinter dem persönlichem engen Kontakt eine gewisse Qualität vermutet, doch auch ein Kontakt nach einem netten Small Talk in der vorigen Woche bei der Galerieeröffnung, zu der Sie geladen waren, kann für Sie zu einem Kontakt in Ihrem zunächst losen Netzwerk werden. Seien Sie ehrlich, im Grunde kann das eine sehr oberflächliche Situation gewesen sein. Dennoch haben Sie einen Kontakt generiert, auf den Sie später wieder einmal zugehen können, eben weil Sie einen gemeinsamen Anknüpfungspunkt haben: „Hallo Herr Kunstinteressierter, wir haben uns damals auf der Galerieeröffnung kennengelernt...".

Übertragen auf Online-Netzwerke können Sie auch dort Kontakte knüpfen, die zunächst eher oberflächlich sind. Und dennoch können Sie dieses Netzwerk nutzen, um später an Wissen zu gelangen, Jobangebote zu erhalten, oder eben auch mal einen Auftrag: Wer kann dazu schon nein sagen. Zudem mag es über die schnelle und häufige Kontaktaufnahme per Mail oder Chat sogar zu durchaus intensiveren Beziehungen kommen als bei Kontakten, bei denen es zunächst bei einem Small Talk bleibt. Letztlich beschränkt sich ein Online-Netzwerk nicht nur auf die virtuelle Welt. Es soll zwar mittlerweile Menschen geben, die ihr Leben an Second Life „verkauft" haben, aber in der Realität steht einem persönlichen Kontakt innerhalb einer Online-Community doch nicht das Geringste im Weg.

Bleiben Sie sichtbar

Und so helfen Netzwerke wie XING oder LinkedIn beim Aufbau Ihres persönlichen Netzwerkes, denn der erste Kontakt dort klappt oftmals auch viel schneller als im echten Leben. Zudem, und das ist ein wichtiger Vorteil, können Sie mit Ihrem persönlichen Netzwerk über die Online-Welt viel leichter in lockerem Kontakt bleiben. Sie laufen Ihren Kontakten in einem gemeinsamen Online-Netzwerk viel öfter über den Weg als Sie dies in einem realen Netzwerk jemals schaffen können. Es sei denn, Sie sind zum

Berufsnetzwerker mutiert. Doch die meisten von uns gehen ja wahrscheinlich noch einem Job nach, der monatlich zu einer positiven Einlage auf dem Girokonto führt.

Neben der Tatsache, dass Sie in einem virtuellen Netzwerk für Ihre Kontakte regelmäßig sichtbar bleiben, gibt es noch einen weiteren Aspekt Online und Offline zu kombinieren: die Adresspflege.

Vor einiger Zeit lernte ich jemanden kennen, der sich darüber geärgert hat, auf 15.000 veralteten Adressdaten zu sitzen, da die Adressen über fünf Jahre nicht bearbeitet wurden. Somit bestand die Vermutung, dass viele der Adressen heute nicht mehr gültig sind. Was gibt es da besseres als wenn Ihr Netzwerk seine Daten selber pflegt und auf dem aktuellen Stand hält. So geschieht es, wenn Sie Ihr Netzwerk zugleich in einer Online-Community abbilden. Wann immer Sie auf die Daten zugreifen, sind sie aktuell. Mit ein paar wenigen Ausnahmen derjenigen Kontakte, die ihre Daten nicht mehr pflegen oder der Community den Rücken gekehrt haben. Sie sehen den aktuellen Arbeitgeber und greifen meist auf die aktuelle Telefonnummer und E-Mail-Adresse zu. Und selbst wenn die Daten nicht gänzlich aktuell sind, bleibt meist die Möglichkeit der direkten Kontaktaufnahme durch die internen Nachrichtenwege innerhalb der Community.

Nach der Kontaktaufnahme, also dem „virtuellen" Über-den-Weg-laufen, steht dann dem Business-Lunch im realen Leben nichts mehr im Wege. Wahre Netzwerker beherrschen beide Formen des Networking und kombinieren Online und Offline für einen maximalen Netzwerkerfolg.

Irrtum Nr. 51
Networking erfordert ein hohes Maß
an Beziehungsarbeit und -pflege

Vorsicht Verwechslungsgefahr!

Diesem Irrtum begegne ich beim realen Networking und beim Online-Networking permanent. Kaum ein Vortrag, bei dem ein paar Teilnehmer nicht über diesen Irrtum mit mir diskutieren. Meine Einladungen in eine

Online-Community werden hin und wieder mit den Worten abgewiesen, dass dafür keine Zeit sei. Und bei einem Blick auf die hunderten von Kontakten bei einigen Mitgliedern kommt dann noch der Kommentar, wie man denn ein solches Netzwerk überhaupt pflegen könne.

Eines vorweg: Kontakte sind nicht pflegebedürftig! Es heißt ja auch Beziehungsmanagement und nicht Pflegemanagement; letzteres lernen Sie in der Schwesternschule im Krankenhaus, bringt Sie aber hier an dieser Stelle nicht einen Schritt weiter.

Netzwerken und Beziehungsmanagement gehören nicht in einen Topf

Beziehungsmanagement und der intensive Kontakt zu einem Kreis von Menschen in Ihrem Umfeld ist wichtig und an erster Stelle sei hier die Familie genannt. Zu Beginn des Buches habe ich zwar auch die Familie als brauchbares und sinnvolles Netzwerk nicht ausgeschlossen, aber hier ist wirklich die Familie im engsten Sinne des Begriffs gemeint. Dieser wichtige Kontakt zu Ihrer Familie kostet viel Zeit. Wenn Sie bereits jetzt an dieser Stelle anmerken, dass nach der Familie und dem Job nur noch wenig Zeit für weiteres Beziehungsmanagement bleibt, hätte ich durchaus Verständnis für Ihre Position.

Als nächstes kommen aber noch Ihre besten Freunde. Auch hier empfiehlt sich intensives Beziehungsmanagement. In guten und in schlechten Zeiten. Dass jetzt keine Zeit mehr für die intensive Beziehungsarbeit mit dem eigenen Netzwerk bleibt, kann ich erst recht verstehen. Und dennoch brauchen Sie noch ein wenig freie Kapazität für die folgende Zielgruppe.

Vernachlässigen Sie auf keinen Fall Ihre Schlüsselkunden

Beziehungsmanagement mit Ihren A-Kunden, Cash Cows oder auch Schlüsselkunden genannt, muss in jedem Fall zeitlich noch drin sein. Der Anruf zum Geburtstag, die Karte zu Weihnachten und hin und wieder mal eine Verabredung zum Lunch, gehören zum Grundrepertoire eines guten Verkäufers. Richtig gelesen: Verkäufer! Das Titelthema dreht sich jedoch um Networking.

Wenn Sie nun all die Zeit für Familie, Freunde und Schlüsselkunden addieren, die Sie aufbringen sollten, um es sich mit den drei Zielgruppen nicht zu verscherzen, dann bleibt wirklich keine Zeit für Beziehungsmanagement im Netzwerk.

Die gute Nachricht: Muss auch nicht sein.

Den Aufwand, den Sie mit den drei oben genannten Zielgruppen aufbringen sollten, brauchen Sie nicht auf Ihr Netzwerk zu übertragen. In Bezug auf die Intensität der Beziehung ist ein Netzwerk in der Regel deutlich schwächer ausgeprägt. Das hat unter anderem auch mit der geografischen Situation eines Netzwerkes zu tun. Ein Netzwerk aus Ex-Schülern, ehemaligen Kollegen und der Vielzahl von Kontakten, mit denen sich im Laufe der Zeit nach einem Small Talk Ihr Netzwerk entwickelt, ist meist über den halben Globus verteilt. Der regelmäßige persönliche Kontakt ist daher kaum möglich.

Ihr gesamtes Netzwerk erwartet jedoch diese aus dem Vertrieb bekannte Beziehungsarbeit nicht. Denken Sie an die schwachen Verbindungen in einem Netzwerk. Diese schwachen Verbindungen sind ein wichtiger Baustein in einem erfolgreichen Netzwerk und haben nichts mit mangelnder Qualität und Sozialkompetenz Ihrerseits zu tun. Zudem ist die Bedeutung dieser schwachen Verbindungen ja sogar wissenschaftlich bewiesen worden (siehe auch Irrtum Nr. 30).

Zugegeben, gänzlich ohne zeitlichen Aufwand lässt sich Networking nicht betreiben und so kann Networking hin und wieder auch anstrengend sein, jedoch niemals langweilig oder dröge. Sie lernen interessante Menschen kennen und bei den Gesprächen mit Ihren Kontakten erfahren Sie auch immer ein wenig über sich selbst.

Tipp: Man darf auch fragen

Networking zu beherrschen bedeutet nicht nur immer in Vorleistung zu gehen, immer nur andere Menschen miteinander zu verknüpfen, immer nur darauf zu warten, dass jemand Drittes die Initiative ergreift um Ihr Netzwerk zu erweitern.

Sie dürfen auch auf andere zugehen und um Hilfe bitten. Bei der Beschreibung des Irrtums Nr. 29 konnten Sie den Tipp über die Verknüpfung von zwei Menschen lesen. In Online-Communities wie XING geht das auch mit zwei Menschen, die Sie nicht persönlich kennen. Gerade dieser Tipp führt oft zu Irritation.

Nehmen Sie folgende Situation:

Sie suchen den Kontakt zu einer Person und sehen, dass einer Ihrer Kontakte mit genau diesem Menschen bekannt ist. Nehmen wir weiter an, dass Sie diesen Kontakt bisher nur virtuell geschlossen haben und ein persönlicher Kontakt noch nicht stattgefunden hat. Zudem wissen Sie nicht, ob die beiden sich auch persönlich kennen.

Warum sollten Sie nun nicht auf Ihren Kontakt zugehen?

Hallo Herr Kontakt,
ich habe gesehen, Sie stehen hier in diesem Netzwerk mit Herrn Wunschkontakt in Verbindung. Bitte stellen Sie mich doch Herrn Wunschkontakt vor. Ich habe ein Anliegen, welches ich gerne an ihn herantragen würde.

Vielen Dank fürs Netzwerken Ihr
Kontakt

Sie werden sehen, eine Abfuhr gibt es selten. Und wenn ja, dann liegt das bestimmt an dem Irrtum, dem einige Amateurnetzwerker unterliegen: Kontakte können sich verbrauchen. (siehe auch Irrtum Nr. 55)

Natürlich wird Ihr Kontakt in seiner Verknüpfungsmail nicht schreiben, dass Sie beide sich seit Jahren intensiv kennen und schätzen gelernt haben. Das wäre ja gelogen.

Als Alternative schreibt er:

Hallo Kontakt,
gerade heute hat mich Herr Auchkontakt gebeten, Sie beide miteinander zu verknüpfen. Da genau dies dem Sinn des Networking entspricht, dessen Kernidee ja dieses Netzwerk hier verfolgt, komme ich dem Wunsch natürlich gerne nach.
Nun liegt es an Ihnen beiden, etwas aus der Verknüpfung zu machen. Der Startschuss ist hiermit gefallen.

Viel Spaß beim Netzwerken.
Ihr Kontakt

Irrtum Nr. 52:
Networking ist mit einem hohen zeitlichen Aufwand verbunden

Sie haben es in der Hand!

Stimmt's? In der heutigen Zeit könnten Sie bestimmt jeden Tag einer Einladung zu einem Event folgen. Egal, ob es sich dabei um Business-light, Politik mit Tiefgang oder nur ein seichtes Networking-Event mit Charity-Charakter handelt. Die Angebote überfluten unsere E-Mail-Postfächer und machen die Entscheidung zwischen den möglichen Teilnahme-Alternativen und der Negativ-Alternative, einfach mal zu Hause zu bleiben, in der Regel schwer.

Der hohe zeitliche Aufwand, der mit der Teilnahme an solchen Events verbunden ist, hat sicherlich zwei Komponenten: die zeitlich messbare Komponente, und die psychologisch nicht messbare Komponente, bei der sich manchmal die Zeit wie Gummi zieht. Das passiert, wenn die Gesprächspartner fade und langweilig sind und der Weißwein lauwarm serviert wird. Sie kennen aber auch die Events, zu denen Sie sich hingequält haben und die sich dann als wahre Highlights entpuppen. Das Ambiente, die Leute und Gespräche um Sie herum lassen die Zeit im Flug vergehen. Ein interessanter Kontakt nach dem anderen ergibt sich und dem Ausbau Ihres Netzwerkes steht nichts mehr im Wege. Das Versprechen an Ihren Partner kurz vor Verlassen des Büros, nicht allzu lange auf dem Event zu verweilen, ist schnell und unmerklich gebrochen, denn als Sie zum ersten Mal auf die Uhr blicken ist es schon zu spät.

Auch diese Situation sollte Ihnen bestens vertraut sein. Dennoch wäre es zu einfach, in Zukunft immer auf die Events zu gehen, bei denen sich innerlich alles sträubt, in der Hoffnung, dass genau dies die Events mit dem eben beschriebenen Tiefgang sind. Dennoch sollten Sie sich ruhig hin und wieder einen Ruck geben, denn es lohnt sich. Networking sollte allerdings nicht zu einem Eventsport ausarten, bei dem Sie sich mindestens 120 neue Visitenkarten pro Woche vornehmen und die Visitenkarten-Gap aus der Vorwoche zudem noch nachzuholen versuchen.

Und für Online-Netzwerke gilt in leichter Abwandlung die gleiche Strategie. Ob Sie hohen zeitlichen Aufwand erbringen möchten, entscheiden Sie im ersten Schritt selbst. Und wenn es Sie stört, dass es lange dauert, liegt das meist daran, dass Sie zu verbissen vorgehen. Sie brauchen es ja nicht zu tun. Wenn Sie es tun, dann mit einer Prise Selbstverantwortung.

Networking ist mit einem zeitlichen Aufwand verbunden, das kann und will hier keiner bestreiten. Es gibt ja auch nichts, das wir tun könnten, was mit keinerlei zeitlichem Aufwand verbunden ist. Doch das im Irrtum genannte Adjektiv „hoch" haben Sie zum einen selbst in der Hand, zum anderen hat es auch mit Ihrer Einstellung und der Herangehensweise an das Thema zu tun. Einen hohen Aufwand werden Sie dem Networking nur dann zuschreiben, wenn Sie im Grunde keinen echten Zugang zu dem Thema gefunden haben und es für Sie etwas Mühevolles ist, zu netzwerken.

Irrtum Nr. 53:
Aufwand und Ertrag stehen beim Networking in keinem guten Verhältnis

Stimmt!

Aufwand und Ertrag sollten beim Networking auch gar kein Verhältnis eingehen. Die Scheidung der beiden wäre vorprogrammiert. Die beiden Begriffe können nur in Harmonie nebeneinander leben, wenn sie sich in der Welt von Bilanzen und der Gewinn- und Verlustrechnung aufhalten. Überlassen Sie diese Begriffe den Finanzabteilungen und den Controllern. Beim Networking ist es eher kontraproduktiv, sich mit dieser Themenwelt zu beschäftigen.

Das Thema Zeit habe ich schon im vorangegangenen Irrtum nicht wegdiskutieren können – und wollen. Hier in diesem Kapitel werde ich es nicht bei den finanziellen Aufwendungen versuchen. Ja, es gibt auch einen finanziellen Aufwand, wenn Sie zum Beispiel 1.500 Euro an Ihren Wirtschaftsclub überweisen. Auch 5, 10 oder 50 Euro pro Monat an das virtuelle Netzwerk, in dem Sie Kontakte knüpfen und den Besuchern Ihres Profils Informationen über sich anbieten, sind in der Kosten- und Leistungsrechnung als Ausgabe zu verbuchen. Dann wäre da noch das Ticket für den Networking-Abend. Die Kosten für die Anreise und schließlich noch ein paar Euro für Bier, Wein oder Apfelsaftschorle. Mit den Kosten vergüten Sie den Betreibern die Möglichkeit, sich darzustellen und auf sich aufmerksam zu machen. Sie bezahlen für nette Gespräche und interessante Gesprächspartner. Und das Schöne: die Höhe des gefühlten Gegenwertes steuern Sie mit der Qualität Ihrer eigenen Vorgehensweise und Einstellung selbst.

Wenn Ihnen dann später einer Ihrer Kontakte zu einem lukrativen Auftrag für Ihr Unternehmen verhilft, ist das sicherlich auch in den Kategorie Ertrag, Einnahme und/oder Gewinn zu verbuchen. Schwieriger wird es da schon, den Tipp zu verbuchen, der Sie dazu veranlasst hat, ein Buch zu kaufen, welches Ihnen die Welt zu einer völlig neuen Business-Strategie eröffnet hat. Ein unschätzbar wertvoller Tipp, werden Sie sagen. Genau dann unschätzbar, wenn es um die monetäre Bewertung geht.

Da gibt es nichts dran zu rütteln. Die Messbarkeit des Networking ist und bleibt ein schwieriges Unterfangen. Energie für die wertmäßige Bestimmung der Dinge aufzubringen, die Sie in ein Netzwerk hineingeben und der Dinge die Sie an Zuwachs erhalten ist reine Energieverschwendung. Gehen Sie lieber zu einem Networking-Event mehr, bevor Sie vor irgendwelchen Excel-Tabellen sitzen und nach der Formel des Networking suchen. Die Suche ist ebenso vergeblich wie die Suche nach dem Stein der Weisen.

Zudem steuern Sie das Verhältnis zwischen Ihrem persönlichen Aufwand und dem Nutzen immer selbstständig. Natürlich gilt auch hier, dass Sie sich nicht von Netzwerken ausbeuten lassen müssen. Wenn Sie das Gefühl haben, dass es so ist, sollten Sie doch noch mal genau hinsehen, ob Sie auch wirklich in einem Netzwerk von Netzwerkern sind.

Irrtum Nr. 54:
Man sollte seine Kontakte sparsam weitergeben

Irrtum Nr. 55:
Kontakte verbrauchen sich über häufige Inanspruchnahme

Nicht kleckern, sondern klotzen!

Eine der wesentlichen Funktionen eines gut funktionierenden Netzwerks ist die Verknüpfung von Kontakten untereinander. Drei Konstellationen sind denkbar:

1. Sie gehen auf jemanden zu und bitten ihn, Sie mit einem seiner Kontakte zu verknüpfen.
2. Sie sind eine Person, die von einem Dritten verknüpft wird.
3. Sie verknüpfen zwei Personen miteinander.

Nochmals zur Wiederholung, damit es sich besser einprägt. Sie müssen für die Verknüpfung von Kontakten weder über profundes und tiefschürfendes Wissen über die Kontakte verfügen noch in einem engen und innigen Verhältnis zu den Personen stehen.

Abgesehen von dieser ersten Fehlannahme über das Verknüpfen von Kontakten erlebe ich auch immer wieder einen zweiten Irrtum in diesem Zusammenhang: zu glauben, Kontakte in Netzwerken verbrauchen sich, wie der Sprit in Ihrem Tank.

Und so habe ich nach einer Anfrage zur Verknüpfung schon die Antwort bekommen, dass die Verknüpfung dem Angefragten gerade zu dieser Person nicht recht sei, da er den Kontakt in naher Zukunft noch brauchen würde und diesen Kontakt daher nicht zu sehr in Anspruch nehmen wolle. Gerne stimme ich an dieser Stelle zu, dass es sich mit der Verknüpfung von Kontakten ähnlich verhält, wie mit dem einen oder anderen Medikament, welches in einer niedrigen Dosis Leben retten kann und in erhöhter Dosis den sicheren Tod bedeutet. Wenn Sie bestimmte Kontakte immer wieder um einen Gefallen bitten, immer wieder mit Dritten verknüpfen, kann es durchaus sein, dass dieser Kontakt sich irgendwann auch mal gestört fühlt. Auch, wenn Sie ein und dieselbe Person mehrmals pro Monat um die Verknüpfung zu einem seiner Kontakte bitten, kann dieser Effekt der Überstrapazierung durchaus eintreten und ehe Sie sich versehen, distanziert sich dieser Kontakt von Ihnen.

Abbildung 15:
Hüten Sie Ihre Kontakte

Die Gefahr, Kontakte mit diesen Anfragen eher zu nerven, als einen Mehrwert zu bieten, hat sich leider mit dem Internet und den dort angebotenen Verknüpfungstools deutlich erhöht. In einem realen Netzwerk ist die Hürde zu einer Verknüpfung immer der direkte Kontakt bei einem Lunch, auf dem Golfplatz oder per Telefon. Im Internet geht die Verknüpfung von Kontakten in Sekunden über die Bühne. Da besteht eher das Risiko, mit den Anfragen ein wenig zu übertreiben.

Das oben geschilderte Szenario kann Ihnen aber in der Regel nicht passieren, wenn Sie maßvoll vorgehen. Hier und da eine Anfrage bei einem echten Netzwerker und Sie erleben keine Abfuhr. Kontakte verbrauchen sich nicht durch die Inanspruchnahme und die Verknüpfung von Dritten untereinander. Wenn Sie intelligent netzwerken, ist sogar das Gegenteil der Fall. Echte Netzwerker empfinden sich selbst wertgeschätzt, wenn jemand auf die Idee kommt, ihn mit einem anderen zu verknüpfen. Immerhin ist Ihnen diese Person in den Sinn gekommen, als Sie jemand beispielsweise nach einem Experten zu einem bestimmten Thema gefragt hat. Damit ist natürlich auch klar, dass beim Networking die Verknüpfung nicht immer darum geht, Käufer und Verkäufer zusammenzubringen.

Wenn den Protagonisten in einem Netzwerk klar ist, dass ein gemeinsamer Termin nicht zu Gunsten des einen und zu Lasten des anderen Kontaktes geht, sondern am Ende beide Seiten mit einem Mehrwert nach Hause fahren, dann werden die Verbindungen mit jeder Verknüpfung stärker und nicht schwächer.

An dieser Stelle sollte nochmals deutlich werden, wie leicht Sie einer zukünftigen Verknüpfung durch Ihre Kontakte vorbauen können. Wenn Sie einen Ihrer Kontakte treffen und versuchen, ihm einen Nutzen zu bieten, dann kann dieser Kontakt eine Vorstellung entwickeln, wie das Gespräch zwischen Ihnen und einem seiner Kontakte in der Zukunft verlaufen wird. Wenn Sie bei dem Meeting Ihrem Kontakt mit Druck und Nachdruck etwas verkaufen wollen, dann geht er wohl davon aus, dass dieses Schicksal auch seine Kontakte erleiden werden, wenn er diese mit Ihnen verknüpft. Die Alternative eines Netzwerkers zur Frage, ob er Ihnen helfen kann, ist somit die Frage, wie Sie ihm helfen können.

Hin und wieder sind nun auch Sie derjenige, der darum gebeten wird, einen Ihrer Kontakte „rauszurücken". Die Ausführungen in diesem Kapitel sollten Ihnen deutlich gemacht haben, dass Kontakte sich nicht verbrauchen; Sie können Kontakte auch nicht für sich selbst und eine spätere Anfrage bewahren. Im Gegenteil, denn wenn die Verknüpfung Ihrem Kontakt einen Mehrwert bringt oder seinen Hunger nach Anerkennung stillt, steigt automatisch Ihr Wert bei ihm. Ihre Reputation steigt in seinen Augen, wenn ihm die Verknüpfung nützlich war.

Je öfter Sie Menschen miteinander verknüpfen, desto häufiger werden Sie auch einer der beiden, der verknüpft wird.

Irrtum Nr. 56:
Networking macht einen öffentlich und transparent

Irrtum Nr. 57:
Datenschutz ist etwas für die Steinzeit

Na und?

Sogar Peter Schaar, Bundesbeauftragter für den Datenschutz und die Informationsfreiheit (BfDI) ist zu Beginn des Jahres 2009 Mitglied in einem virtuellen sozialen Netzwerk geworden. Und er hat sich gleich eines der größeren Netzwerke für seinen Selbstversuch ausgesucht. Angeblich liegt die Zahl der Mitglieder bei Facebook mittlerweile bei 200 Millionen Mitgliedern. Und da wir in der tobenden Finanzkrise nur noch mit großen Zahlen um uns werfen und 100 Millionen (100.000.000) hier und da schon zu einer Nachkommastelle geworden sind, hier ein kleiner Überblick, gemessen an der Einwohnerzahl der einzelnen Länder:

Platz 1: 1.332.000.000 Einwohner – Volksrepublik China
Platz 2: 1.149.000.000 Einwohner – Indien
Platz 3:   305.000.000 Einwohner – USA
Platz 4:   240.000.000 Einwohner – Indonesien
Platz 5:   200.000.000 Einwohner – Facebook
Platz 6:   195.000.000 Einwohner – Brasilien

In einem Interview bei *Spiegel Online* bringt Schaar dann seine Sichtweise auf diese Art von Netzwerken auf den Punkt. Wie viel Transparenz ein jeder über sich selbst zulässt, liegt auch bei jedem selbst. Nicht das Netzwerk an sich macht Sie und Ihre intimen Daten transparent. Sie sind es und Sie haben es auch in der Hand. Den Umfang Ihrer persönlichen Daten in der Öffentlichkeit, im Internet, steuern doch Sie ganz alleine.

Sie können über die Datenkralle Google so viel schimpfen, wie Sie wollen. Die meisten Daten haben die Nutzer des Internet selbst und meist in vollständigem Besitz ihrer geistigen Kräfte dort eingestellt. Mehr als einmal sind wir als Moderatoren schon gebeten worden, Inhalte von Nutzern wieder aus dem Netz zu entfernen. Meist waren es Aussagen, die einige Tage später und mit Abstand dem Absender nicht mehr so ganz gefallen haben. Viel schlimmer ist es natürlich, wenn sich die User im Netz gar keine Gedanken mehr über Ihre Handlungen machen.

Weiter oben erwähnte ich schon mal die Mitgliedschaft in Gruppen bei den einschlägigen Communities. Machen Sie sich mal den Spaß und surfen Sie durch die Gruppenbezeichnungen bei wer-kennt-wen.de und StudiVZ. Da kann der Datenschutz auch nichts mehr machen. Es mag ja sein, dass die Mitglieder bestimmten Sexualpraktiken aufgeschlossen gegenüberstehen – wir leben in einem freien Staat. Aber ob diese Mitglieder sich immer bewusst darüber sind, dass die Gruppenzugehörigkeit in ihrem Profil in Klarschrift angeben wird? Ohne einen einzigen Satz von diesen Mitgliedern in irgendwelchen Gruppen gelesen zu haben, habe ich mir als Leser der Profile schon einen ersten, nicht unbedingt positiven Eindruck gemacht. Wenn ich dann weiter forsche und auch noch ein paar Kommunikationsirrtümer finde, ist es aus. Und wenn ich nun der Personalchef wäre, auf dessen Schreibtisch seine Bewerbung liegt, wäre es ganz aus.

Ja, das Internet und vor allem die einschlägigen Social Communities machen die Mitglieder öffentlich. Bestimmt ist das der unangenehme Teil, der aus der Verschmelzung von Networking und dem Internet hervorgegangen ist. Und auch wenn man es gebetsmühlenartig wiederholt, einige werden mit ihrer teilweise sich selbst schadenden Öffentlichkeit munter weiter machen. Hier sind übrigens nicht Politik und Datenschutz gefordert, sondern die Erziehung der Eltern und der Schulen. Wenn den Eltern die Aktivitäten der Kinder im Netz gleichgültig sind, weil sie selbst nicht den Zugang zu diesen Medien haben: kein Wunder.

Bis zu diesem Irrtum konnten Sie jedoch auch schon viele positive Facetten der Öffentlichkeit Ihrer Person im Netz kennenlernen. Jetzt also noch ein wenig Positives zum Thema Transparenz und Öffentlichkeit:

- Sie und Ihre Leistungen können gefunden werden (auch von Ihren Kunden).
- Sie können mit all Ihren Netzwerken einfach und sichtbar in Verbindung bleiben.
- Sie zeigen über Ihre Interessen mit welchen Themen man an Sie herantreten kann.
- Sie vereinfachen Dritten die Kontaktaufnahme.
- Sie haben die Chance mit Ihren Fachthemen eine positive Reputation zu erlangen (zum Beispiel indem Sie fachlich versierte Beiträge in Foren veröffentlichen oder gleich einen regelmäßigen und fachlich versierten Blog führen).
- Sie zeigen anderen Ihre Verknüpfungen in Ihr Netzwerk.
- Sie zeigen anderen Ihre Mitgliedschaften in anderen Netzwerken.

Und immer daran denken: Was man über Sie findet, haben Sie selbst veröffentlicht. Also nicht nachts um 02:00 Uhr bei 2,2 Promille in öffentlichen Foren diskutieren.

Irrtum Nr. 58:
Nur moderiertes Netzwerken macht Sinn

Irrtum Nr. 59:
Netzwerke müssen organisiert werden

Nicht zwangsläufig!

Es ist viele Jahre her, als ich noch ein Netzwerkanfänger war und zu einer Abendveranstaltung eines überregionalen onlinelastigen Business Clubs eingeladen wurde. Einer der beiden Geschäftsführer begrüßte mich an diesem Abend persönlich, führte einen kurzen Small Talk mit mir und war vorbereitet. Als der nächste „Neuling" zur Tür hinein kam und er ihm die gleiche Aufmerksamkeit schenken wollte, stellte er mich einem weiteren Gesprächspartner mit den Worten vor, dass er uns beide im Vorfeld auf der Gästeliste entdeckt habe und wir über ein gemeinsames Thema, welches er identifiziert hatte, sicherlich einiges an Informationen austauschen könnten. Perfekt, ich war nicht mehr alleine und von dort an lernte ich an dem Abend noch ein paar interessante Kontakte kennen.

Der Geschäftsführer übernahm die Moderations- und Verknüpfungsrolle. Vor allem für neue Gäste wie mich, die sich in dem Umfeld der Mitglieder noch nicht locker bewegen konnten. Diese Vorgehensweise ist sicherlich kaum noch zu überbieten. Je nach Größe einer Veranstaltung ist diese Vorgehensweise jedoch nicht mehr zu leisten. Zudem können die Moderatoren nicht die ganze Vorstellungsarbeit leisten. In meinem Fall hat der Inhaber des Netzwerkes es mir einmal vorgemacht, danach musste ich mich selbst mit Small Talk freischwimmen.

Verlassen Sie sich also nicht darauf, dass man Sie von Kontakt zu Kontakt an die Hand nimmt und Ihnen so jeden Gesprächspartner auf einem Silbertablett serviert. Bauen Sie nicht immer auf eine solche Anmoderation und die perfekte Organisation, bei der alles um Sie herum von alleine läuft. In der Regel müssen Sie selber für Gesprächspartner sorgen.

Und doch brauchen Netzwerke, egal ob online oder offline, ein bestimmtes Maß an Organisation. Irgendjemand muss über die Organisation den Boden für Networking ja auch erst einmal schaffen und auch den Eindruck hinterlassen, dass das Netzwerk etwas Beständiges haben wird. Übrigens ein großer Vorteil von Netzwerken, hinter denen ein Unternehmen steht und nicht ein vielleicht zeitlich beschränktes Ehrenamt. Sie können jetzt zwar entgegenhalten, dass auch Unternehmen morgen nicht mehr existent sein können, aber ich muss ja auch nicht immer das letzte Wort haben. Sie haben natürlich recht.

Das Wichtigste für ein Netzwerk und das Wachstum des Netzwerkes ist die langfristige Beständigkeit. Wenn die Mitglieder keine Fantasie über den langfristigen Bestand eines avisierten Netzwerkes haben, dann werden Sie keinen Zugang finden. Networking ist etwas Langsames, Langfristiges und

Beständiges. Und genau dies muss die Organisation gewährleisten. Aber dennoch muss die Organisation von Netzwerken genügend Spielraum lassen, damit sich Netzwerke auch entfalten können. Um diesen Spielraum für das Netzwerken zu ermöglichen, sollten Netzwerke nur so viel organisieren wie nötig und am besten beinahe unmerklich im Hintergrund agieren. Dazu gehört auch, ein Ohr für die Mitglieder zu haben und mitzubekommen, was deren Belange und Wünsche sind.

Gerade in Social Communities sind es aber manchmal auch die Mitglieder selbst, die ein wenig mit Ihren Wünschen und Forderungen übertreiben. Egal, ob es um neue Features geht, die noch fehlen, oder die wieder abgeschafft werden sollen. Egal, ob es um die leidige Frage geht, ob die Betreiber Werbung schalten dürfen oder nicht. Eines sind Netzwerke beziehungsweise die Betreiber der Netzwerke als Angebot an die Mitglieder nie: basisdemokratische Internetkommunen, in denen Anarchie ein Grundrecht darstellt.

Kundenorientierung (für mich ein katastrophaler Begriff und ein Märchen zudem) ist ja schön und nett, aber die Basis für ein Netzwerk legen die Betreiber und geben damit ein Gerüst vor. Das ist ihr gutes Recht und sie tragen ja auch das Risiko. Kein Risiko tragen zu wollen, eine kostenlose Mitgliedschaft zu nutzen und dann auch noch Werbung verbieten, das funktioniert selten. Das Betreiben von Netzwerken kostet ja nun mal auch Geld.

Netzwerke brauchen somit neben dem Angebot einer Plattform (offline oder online) und der Organisation dieser Netzwerk-Träger-Plattform auch Regeln, auf die ich im nächsten Kapitel näher eingehe. Und diese Regeln muss zwingend der Betreiber aufstellen und vorgeben. Das ist sein Recht und im Grunde auch seine Pflicht.

171

Interview mit Nico Lumma

Director Social Media Scholz & Friends Group GmbH

Ich bin Netzwerker, weil ...
... ich großes Interesse an anderen Menschen habe und immer gucke, wie man möglicherweise zusammenarbeiten könnte.

Ich bin Netzwerker seit ...
... Anfang meines Studiums.

Im Buchtitel dreht es sich um Irrtümer und Networking. Was ist aus Ihrer Sicht der größte Irrtum im Umgang mit dem Thema Networking?
Es kommt nicht auf die Masse an Kontakten an, sondern vor allem auf die Qualität und das damit einhergehende gegenseitige Vertrauen.

Warum würden Sie sich selbst als Netzwerker bezeichnen?
Ich würde mich als Netzwerker bezeichnen, weil ich grundsätzlich Interesse daran habe, mein Kontaktnetzwerk auszubauen und quasi bei jedem neuen Kontakt gleich überlege, ob und wie man zusammenarbeiten könnte und wenn nicht, für wen in meinem Umfeld diese Person interessant sein könnte.

Wann sollte man mit dem Netzwerkaufbau beginnen?
Idealerweise bereits im Studium. Gerade in den ersten Berufsjahren hilft es ungemein, wenn man in anderen Firmen Leute sitzen hat, die man bereits kennt.

Was ist Ihr Networking-Highlight?
Es gibt keine Highlights, sondern eine Vielzahl von Menschen, die interessante Dinge tun und mich in Ausschnitten daran teilhaben lassen. Interessant war allerdings ein Abend in Stockholm, bei dem der Gastgeber der SIME, Ola Ahlvarsson, beim Speakers Dinner ca. 100 Leute miteinander vernetzte und zwar so, dass er für jeden bei

der Intro gleich sagen konnte, warum man mit der Person dringend reden sollte.

Das fand ich sehr beeindruckend.

ONLINE-Networking versus OFFLINE-Networking, welcher Netzwerktyp sind Sie?

Ich versuche stets, beides miteinander zu kombinieren, denn das eine ohne das andere führt zu Kontakten, die oftmals nicht weitreichend genug sind.

Wie viel Networking braucht der Mensch?

Das hängt von jedem selbst ab. Ich versuche, das so auszubalancieren, dass ich nicht den Überblick verliere.

77 Irrtümer, und was ist Ihr ultimativer Tipp für erfolgreiches Netzwerken?

Erkennen, wenn der Gesprächspartner gerade keine Zeit oder kein Interesse hat.

Kapitel 13
Der Networking-Knigge

 **Irrtum Nr. 60:**
Soziale Netzwerke brauchen klare Regeln

Am besten gleich ein eigenes Gesetzbuch!

Wenn hierzulande neue Gesetze entstehen, dann geht gleichzeitig ein Aufschrei durch das Land. Zu viele Gesetze und Kontrollen beschneiden freie Bürger in einem freien Land. Ungesicherten Aussagen zufolge heißt es, dass 70 % der Weltsteuerliteratur in Deutschland entsteht. Sind jedoch bestimmte Bereiche in unserem Leben ungeregelt und passiert dann etwas, was uns nicht gefällt, nehmen wir gerne schnell die andere Seite ein und werfen der Legislative vor, nicht die richtigen Regeln und Gesetze gefunden und beschlossen zu haben.

Heute heißt es, der Erfolg von Netzwerken wie flickr, MySpace oder Facebook sei vor allem der Tatsache geschuldet, dass diese Netzwerke keine Regeln vorgeben. Die Nutzung ist völlig frei, man kümmert sich dort nicht um Fake-User und die Benutzer selbst entscheiden, was sie mit dem angebotenen Service tun und auch wie sie es benutzen. Soweit zur Theorie und netten Marketingsprüchen. So ganz stimmt das jedoch gar nicht.

Nehmen Sie die Community flickr, bei der die User ihre Bilder einstellen verwalten und den anderen Mitgliedern zeigen können. Keine Regeln? Natürlich gibt es dort Regeln, die sogar länderübergreifend unterschiedlich sind, weil in jedem Land schon bestimmte Gesetze bestehen, die zum Beispiel die Veröffentlichung von jugendgefährdenden Bildern verhindern sollen. Und auch wenn Facebook aus den USA kommt, müssen die Betreiber hierzulande darauf achten, dass dort kein rechtsradikales Gedankengut verbreitet wird.

Und all das ist ja auch gut so.

Netzwerke brauchen Leitplanken

Die Betreiber von Netzwerken, egal ob diese mit einem gemauerten Clubhaus in der Innenstadt entstehen oder deren Adresse mit einem www beginnt, sind aufgefordert, ein gewisses Maß an Regeln vorzugeben. Sozusagen die Leitplanken, innerhalb derer sich die Mitglieder bewegen können. Diese Leitplanken sollten natürlich nicht jeden Schritt der Mitglieder aufs Peinlichste bestimmen. Netzwerke brauchen Platz zur Entfaltung und diese Entfaltung müssen die Betreiber fördern und somit Regeln definieren, die eigene Aktivitäten der Mitglieder auch zulassen. Nur wenn die Mitglieder in einem Netzwerk auch eigene Aktivitäten entwickeln, hat eine solches Netzwerk auf Dauer Bestand.

Eine wichtige Regel gilt in Netzwerken immer auch ungeschrieben: Der sozialkompetente Umgang mit den anderen Mitgliedern ist Pflicht und eben nicht, wie in Irrtum Nr. 26 schon einmal kurz angerissen, unnötig. Diese Regel bräuchten die Betreiber von Netzwerken eigentlich nicht vorzugeben. „Bräuchten" und „eigentlich", denn obwohl der Konjunktiv kein gutes Kommunikationsmittel ist, muss ich ihn leider hier gebrauchen. Nicht immer kommunizieren die Protagonisten in Netzwerken mit gegenseitiger Wertschätzung und auf Augenhöhe. Der treffendste Tipp: Kommunizieren Sie mit Ihrem Umfeld so, wie Sie es von Ihrem Umfeld in Bezug auf Ihre eigene Person erwarten. Nicht mehr und nicht weniger.

In Online-Netzen ticken die Uhren nicht anders

Eine überlegte und faire Kommunikation mit Ihrem Umfeld ist immer wichtig. Das gilt nicht nur für Netzwerke, die Kollegen untereinander oder den Umgang innerhalb der Familie. Eine Regel, die keine sein sollte: Kommunizieren Sie in Online-Netzen genau so, wie Sie es auch im realen Kontakt tun würden. Bedenken Sie, dass Online-Kontakte nur virtuelle Kontakte sind, solange Sie beide vor dem PC sitzen. Wenn Sie das Ziel verfolgen, aus virtuellen Kontakten auch reale Kontakte zu machen, dann wird genau das dadurch erschwert, dass der zukünftige Kontakt – vielleicht auch Geschäftskontakt – mit der Art der Kommunikation, wie sie teilweise im Netz stattfindet, nichts anfangen kann. Ergo: Ein Kontakt kommt nicht zustande und aus dem möglichen Geschäft wird nichts.

So bin ich verwundert, wenn mich Mitglieder in einem Business-Netzwerk bei der Kontaktaufnahme per „Du" anreden. Wenn es ein Hinweis auf mein jugendliches Alter sein soll, kann ich mich ja geschmeichelt fühlen, aber die Verwunderung über die Art der Kontaktaufnahme überwiegt deutlich. Das bedeutet nicht, dass ich nicht mit vielen meiner Geschäftspartner per „Du" bin. Ganz im Gegenteil. Es erhöht die persönliche Bindung enorm. Aber zu diesem „Du" ist es im Laufe einer immer enger werdenden Geschäftsbeziehung gekommen. Mit einem „Du" bei Start der Kontaktanbahnung im Internet fangen Sie sozusagen am Ende der Sackgasse an: inklusive dem Hinweis „keine Wendemöglichkeit vorhanden".

Networking braucht also nicht unbedingt klare und fein definierte Regeln. Manche sollte es schon alleine deshalb nicht geben, weil sie zu den ungeschriebenen Regeln im Umgang miteinander gehören. Dennoch sollten die Betreiber den Rahmen für die Aktivitäten der Mitglieder festlegen.

Irrtum Nr. 61:
Networking gelingt jedem

Irrtum Nr. 62:
Networking ist uns in die Wiege gelegt worden

Irrtum Nr. 63:
Networking-Techniken beherrscht jeder automatisch

Anscheinend nicht ...

50 % von dem, was wir heute sind, was wir zu leisten vermögen und welche besonderen Fähigkeiten wir haben, sind uns von Beginn an in die Wiege gelegt worden. Diesen Satz hat mir vor vielen Jahren ein Trainer ins Gedächtnis geschrieben und ich habe lange dran geglaubt.

Was er damals damit ausdrücken wollte war, dass wir Trainer es nicht schaffen, aus einem Nicht-Berater einen Berater zu machen, wenn die 50 % „Berater-Gen" nicht direkt bei Geburt in die oben genannte Wiege gelegt wurden.

Übertragen auf unser Thema beutet dies: Wenn Sie nicht von Geburt an das Networking-Gen mitbekommen haben, dann haben Sie bis hier im Grunde völlig vergeblich gelesen. OK, das hätte ich Ihnen fairerweise schon auf den ersten Seiten schreiben müssen, noch besser, bevor Sie dieses Buch gekauft haben. Aber nein, halt! Noch nicht weglegen!

Ich bin der festen Überzeugung, dass diese Regel auf nur sehr wenige und wenn, dann auch nicht auf irgendwelche Geburtsgene, sondern eher auf unser erzieherisches Umfeld in den ersten Jahren unserer Entwicklung zutrifft. Die Transaktionsanalyse geht mit ihren Theorien deutlich über die Gene hinaus und sagt, dass unser gesamtes Leben in den ersten wenigen Jahren ganz erheblich geprägt wird. Sie nennen dies das Lebensskript, welches wir in den ersten Jahren schreiben und dann danach leben. Networking ist sicherlich auch kein Gen. Professionelles Networking kann jeder erlernen. Auch ohne die 50 %. Ich gehe noch einen Schritt weiter und behaupte sogar, die meisten müssen es lernen. In der Wiege liegen für kaum jemanden die Grundlagen für erfolgreiches Networking. Sicherlich prägt uns unsere Erziehung und wenn unsere Eltern, die nächsten Verwandten, zu denen wir regelmäßigen Kontakt haben, oder Freunde uns Networking vorleben, dann ist ein Grundstein gelegt.

Ich bin der festen Überzeugung, dass Networking jedem gelingen kann, wenn er den Mut aufbringt, sich mit den Grundregeln zu beschäftigen und an seiner Einstellung arbeitet. Die geforderten Techniken sind kein Hexenwerk und auch nicht besonders umfänglich. Im Gegenteil, es sind allesamt eher banale Anforderungen an einen perfekten Netzwerker. So bedeutet es keinen Lernaufwand, keine Akquisegespräche in Netzwerksituationen zu führen. Es ist reine Einstellungssache.

Zugegeben, für die meisten ist es leichter, schwierige Formeln zu lernen und komplexe Sachverhalte zu verstehen, als die eigenen Gewohnheiten und die Einstellung zu verändern. Aber darum geht es im Kern. Um Geduld oder um den Umgang mit Zahlendruck. Es geht um das echte Interesse, das Sie für andere Menschen aufbringen mögen und dabei sogar noch die Chance haben, eine Menge hinzuzulernen.

Fazit

- Nein, Networking gelingt nicht jedem. Aber wenn Sie es wollen, wird es Ihnen gelingen.
- Nein, Networking ist uns nicht in die Wiege gelegt worden. Das macht aber auch gar nichts, denn es ist auch ohne erlernbar, denn es geht nur um Ihre Einstellung zum Networking.
- Nein, automatisch beherrschen wir sehr selten irgendwelche Dinge. Aber wenn Sie sich mit den Techniken beschäftigen, ist es ganz leicht, weil die Techniken zu den einfachen Dingen gehören.

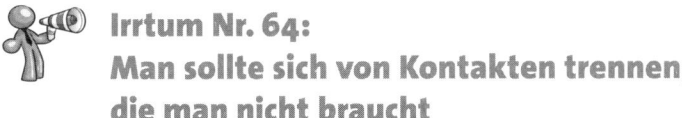

Irrtum Nr. 64:
Man sollte sich von Kontakten trennen, die man nicht braucht

Einer der größten Irrtümer!

Im realen Leben können Sie sich von Kontakten und von Netzwerken doch im Grunde gar nicht trennen. Sie können sich bei jemandem aus Ihrem persönlichen Umfeld nicht mehr melden. Sie können sich am Telefon verleugnen lassen – vorausgesetzt, Sie können Ihre Verleugnungsmitarbeiterin bitten, bestimmte Anrufe abzuwimmeln – oder Sie lassen Ihre Kontakte unbeantwortet in Ihrer Mailbox versauern. Aber es bleibt immer einer Ihrer Kontakte aus einem Ihrer Netzwerke.

Gut, wenn Sie von einem Ihrer Kontakte nichts mehr wissen wollen und Ihr Kontakt gleichermaßen denkt wie Sie, dann scheinen Sie aus dem Schneider zu sein. Aber wer bitte sagt, dass Sie nicht in einigen Monaten genau auf diesen Kontakt angewiesen sind. Und wenn es nur eine banale Frage ist, von der Sie wissen, dass genau dieser seit Monaten gemiedene Kontakt

Ihnen diese Frage schnell und kompetent beantworten kann. Oder dieser ehemalige Kontakt hat dummerweise seinen Arbeitgeber gewechselt und ist jetzt bei einem Ihrer Kunden der Einkäufer. Genau jetzt zeigt sich, dass die Strategie der Verleugnung nicht die zielführendste Strategie war.

Sicherlich gibt es Zeiten, in denen man mit bestimmten Menschen mal mehr und mal weniger zu tun hat. Sicherlich gibt es Geschäftsbeziehungen, die sind eine Zeit lang aktiv und werden auch mal beendet. Doch diese Geschäftsbeziehungen können mit neuen Parametern, in einem neuen Umfeld, wieder neu starten. Heute Chef und Mitarbeiter und morgen sind die beiden in einem geänderten Umfeld in genau entgegengesetzten Rollen unterwegs. Heute Kunde, morgen Anbieter, mit den gleichen handelnden Akteuren.

Beenden Sie Geschäftsbeziehungen so, dass Sie diese auch wieder starten können oder dass Sie zumindest mit den handelnden Personen aus dieser ehemaligen Geschäftsbeziehung in einer neuen Konstellation Geschäfte machen können und sich nicht gegenseitig auf gemeinsamen Veranstaltungen aus dem Weg gehen müssen. Auch hier sei ein überstrapazierter und dennoch so treffender Spruch genannt: „Man sieht sich im Leben

Abbildung 16: So löscht man Kontakte

immer zweimal". Dies ist keine dumme Bauernregel, sondern die Aggregation vieler live erlebter Situationen.

Im Internet trennt man sich nicht, man löscht

Sich von Kontakten „zu trennen" hört sich ja noch sehr nett an. In Social Communities trennt man sich nicht von Kontakten, man löscht sie. Und was so einfach und lautlos im digitalen Zeitalter funktioniert, hinterlässt im realen Leben dennoch immer eine unschöne Geschmacksnote.

Bedenken Sie, dass wenn Sie einen virtuellen Kontakt löschen, somit auch den Kontakt zu einer Person in der realen Welt löschen. Sie löschen den Kontakt zu jemandem, den Sie doch später noch kennenlernen wollten, oder? Meist erfolgt die Löschung zudem ohne jegliche Information an die gelöschte Person. Wie auch, denn es wird schwierig sein, die Löschung zu erklären und so löschen die meisten nun mal einfach drauf los. Wenn möglich, sollten Sie zu jemandem, der den Kontakt zu Ihnen löscht, nochmal Kontakt aufnehmen, sofern er es nicht schon getan hat. Aber bitte nicht mit der Warum-Frage. Dabei handelt es sich für die meisten Kommunikationsprofis zwar auch um eine W-Frage, also eine offene Frage, aber das Warum bringt denjenigen, der den Kontakt zu Ihnen gelöscht hat, in die Rechtfertigungsposition. Ich nutze gerne die Frage, was ich denn falsch gemacht habe und gebe so die Chance, den Grund zunächst auf mich zu schieben. Das halte ich aus und habe so schon viele Kontakte wieder zurückgewonnen.

Bei sozialer Kompetenz waren wir ja schon, aber hier auch ein Tipp an diejenigen, die solche Mails bekommen. Immerhin hat sich da jemand die Mühe gemacht, in einem virtuellen Netz die Löschung zu hinterfragen und hat, wenn er den Text gut formuliert hat, durchaus bewiesen, dass er die Kompetenz zur Kommunikation besitzt und dass es ihm zudem etwas ausmacht, wenn er mitbekommt, dass ein Kontakt zu ihm gelöscht wird. Da wäre es ein netter und kompetenter Zug zu antworten. Die meisten haben meine Rückfrage übrigens nicht beantwortet, einigen kam es jedoch nach Monaten dennoch in den Sinn, mir Geschäfte vorschlagen zu wollen. Ungeschickt. Hier wird nochmals mehr als deutlich, wie wichtig es ist, die Kraft von Netzwerken im Zukunftswert zu sehen und nicht im „Hier und Jetzt". Aber auch diejenigen, die geantwortet haben, haben nicht immer nachgedacht, wenn sie in die Tasten gehauen haben. Ich hoffe dies zumindest. Denn ob sich die Schreiber immer so in den Leser hineinversetzen, wenn dieser lesen muss, er sei „ausgemistet", „Opfer", „irrelevant" oder „unbrauchbar"?

Die „besten" Antworten habe ich Ihnen in der Infobox zusammengestellt.

Überlegen Sie es sich gut, wenn Sie Kontakte im Netz löschen. Es ist ja nicht Ihr Netzwerk, es ist nur ein Werkzeug, um Ihr Netzwerk in der Zukunft weiter auszubauen. Und welchen Kontakt Sie wann brauchen, ist heute noch nicht eindeutig zu bestimmen. Eine erneute spätere Kontaktaufnahme zu einem dieser gelöschten Kontakte ist immer mit einem gewissen Beigeschmack behaftet, vor allem dann, wenn der Gelöschte sich erinnert. Spannend sind auch immer die realen Zusammenkünfte von Menschen, wenn einer den anderen auf einer Plattform gelöscht hat und diesen dann darauf anspricht. Auch das ist mir schon häufig passiert.

Ich muss allerdings zugeben, dass daraus auch hin und wieder ein guter Kontakt geworden ist. So einmal im ICE von München nach Köln, nachdem mich mein Sitznachbar fragte, ob ich der Hahn aus XING sei. Ich konnte ja nicht anders, als die Frage zu bejahen. Nach kurzer Zeit stellte sich heraus, dass der Herr einer der Kandidaten war, der den Kontakt mal irgendwann zu mir gelöscht hat. Er hat das aber nicht runter gespielt, sondern, genau wie ich, seinen Standpunkt vertreten. Einen Tag später standen wir auch virtuell wieder in Kontakt. Und wer weiß, bestimmt nutzt er auch heute Kontakte zu Menschen in Online-Communities bevor er Sie kennenlernt. Oder, Herr … ?

Löschen ist damit deutlich problematischer als nicht bestätigen. Trotz, dennoch oder gerade wegen meiner hohen Kontaktzahl bei XING bestätige ich oft einige Kontaktanfragen nicht. Das sind vor allem die Kontaktanfragen mit einem Smiley oder drei Punkten oder einen Paste and Copy-Text, bei man direkt vermutet, dass er diesen heute schon an 100 Profile geschickt hat. Meist frage ich aber vor der Nichtbestätigung sogar nochmal nach und hinterfrage den Grund. Vielleicht habe ich mich ja geirrt und es gibt doch eine gemeinsame Schnittstelle. Am meisten überrascht bin ich dann natürlich bei denen, die noch nicht einmal den Versuch starten, die Kontaktaufnahme näher zu erläutern. Da fällt mir meine Entscheidung dann auch nicht mehr schwer.

Live erlebte kommunikative Irrtümer:

Immerhin mit Vorwarnung:
„Sorry! Ich muss mal meine Kontaktliste ausmisten und lösche den Kontakt jetzt zu Ihnen."
„Ihr Kontakt zu mir ist dem Frühjahrsputz zum Opfer gefallen. Man sieht sich." Ob er das noch glaubt?

Das Kommunikationstheater in drei Akten:

Prolog

Kontaktlöschung und Rückfrage des Gelöschten.

Hauptteil

„Da ich nicht mehr in Ihrem Forum Mitglied bin, sehe ich auch keinen Sinn darin, einen Kontakt zu Ihnen zu halten und habe diesen konsequenterweise gelöscht."

Epilog

Zwei Jahre später: „Lang ist es her, dass wir miteinander Kontakt aufgenommen haben. Ein Geschäftspartner von mir ist ebenfalls ein begeisterter Netzwerker und sucht die Möglichkeit, seine Leistungen über Dein Netzwerk anzubieten."

„Ich habe den Kontakt zu Ihnen gelöscht und wollte auch keine Mail mehr von Ihnen. Es geht Sie auch nichts an, warum ich das getan habe. Basta und Ende."

Nutzen Sie das Netz und die Netzwerke, die Ihren Themen und Zielgruppen entsprechen, gezielt und bewusst für Ihren zukünftigen Netzwerkausbau. Lassen Sie sich bei der Kontaktaufnahme mal etwas Kreatives einfallen und überdenken Sie mehr als einmal die Idee zu einer Kontaktlöschung, dann klappt es auch mit dem virtuellen Networking.

Irrtum Nr. 65:
Networking ist ein Geschäft mit der Gegenwart

... und mit der Zukunft, aber auch mit der Vergangenheit!

Auch hier bei diesem Irrtum, wie sollte es anders sein, schimmert das Thema Akquise wieder ein wenig durch. Networking ist kein hartes Geschäft mit und in der Gegenwart. Networking nutzt alle möglichen Phasen. In der Vergangenheit sind viele Ihrer Netzwerke entstanden und wachsen seitdem munter vor sich hin. Die Protagonisten wechseln ihre Jobs, bilden sich weiter und machen Karriere, die Netzwerke arbeiten ohne Ihr Zutun für Sie.

In der Gegenwart ergeben sich Kontakte, die sich in weiteren Gesprächen vertiefen und intensivieren. Sie erfahren von Gespräch zu Gespräch, von Lunch zu Lunch und bei jedem Small Talk immer ein wenig mehr über Ihre Kontakte und somit auch über Ihr Netzwerk.

In der Zukunft ernten Sie den Erfolg eines professionellen Netzwerkers, weil Sie der Tochter Ihres Nachbarn ein Praktikum beschaffen können, Sie schneller als erwartet einen Mitarbeiter für eine offene Stelle in Ihrem Unternehmen finden oder weil Sie für einen größeren Auftrag im Unternehmen eines Clubmitglieds auserkoren wurden.

Wenn Sie das Ganze schließlich noch als permanent revolvierenden Prozess verstehen, dann brauchen Sie die Netzwerkbälle nur permanent in der Luft zu halten und aus dem oben genannten Irrtum wird ein: Networking ist auch immer mal wieder ein Geschäft in der Gegenwart.

Irrtum Nr. 66:
Man sollte mit Visitenkarten sparsam umgehen

Geiz ist geil?

Erstens: Man sollte in jedem Fall über eigene Visitenkarten verfügen. Vor kurzem berichtete mir ein Trainer, dass er den Druck von eigenen Visitenkarten eingestellt hat. Meine sich anschließend aufdrängende Frage blieb auch nicht lange unbeantwortet. Er selber schneidet aus den Visitenkarten kleine Streifen für die Registerschilder von Hängeregistern. Passt vom Format perfekt und die Rückseiten sind meist nicht bedruckt. Er selber habe Angst, dass seine Visitenkarten den gleichen Scheren- und Aktenschranktod erleiden müssen. Wenn die Geschichte nicht wahr wäre, könnte ich herzlich drüber lachen.

Er hat ja recht. In Zeiten des Internets, aufwendiger und ausgeklügelter Custom-Relationship-Management-Software-Suiten (herrlich) oder dem neuen Trend der Pokens, die Teilnehmer neuerdings auf Events mitbringen und in den Intimbereich des Pokens Ihres Gesprächspartners bringen (zwei elektronische Pokens – technisch zwei RFiD-Chips – lässt man kurz miteinander kuscheln und schon sind die Daten von zwei Netzwerkern ausgetauscht und können am heimischen Computer wieder eingelesen werden), ist die Visitenkarte mega-out.

Ein fataler Irrtum. Er, der Trainer, hat nämlich doch nicht recht. Noch leben wir hier in einem Kulturkreis, in dem die Visitenkarten Teil eines Kontaktrituals ist. Und wir hier in Deutschland, der Schweiz, Österreich oder Luxemburg sind mit diesem Ritual nicht mal alleine unterwegs. Gleich zu Beginn eines Akquisegesprächs sollte der anwesende Akquisiteur seinem Gesprächspartner seine Visitenkarten anbieten. Halt! Falle! Wir sind doch immer noch bei Networking. Das heißt aber doch natürlich nicht, dass die Visitenkarten für den Networkabend im Büro bleiben sollen. Steuern Sie das Gespräch auf den Punkt, an dem Ihr Gegenüber entweder nach Ihrer Visitenkarte fragt oder er Ihnen seine Visitenkarte anbietet. Mit einem freundlichen „Aber nur im Tausch" ist der Deal perfekt, ohne dass Sie den Eindruck hinterlassen haben, unbedingt und mit Druck an die Kontaktdaten gelangen zu wollen. Der Akquisiteur steuert eher sein eigenes Gespräch und hält so die Fäden in der Hand, der Netzwerker steuert über Fragen und Interesse eher das Gespräch seines Gegenübers, um nicht den Eindruck der Akquise zu hinterlassen.

Wenn Sie sich nun also doch aufraffen können, Visitenkarten zu besitzen, dann bitte nicht am Visitenkartenautomaten am Hauptbahnhof und auch wenn die Angebote im Internet verlockend sind, verzichten Sie bitte auf skurrile Clip-Arts, Piktogramme oder esoterische Farbverlauf-Hintergründe auf den Karten. Es muss auch nicht das teuerste Papier sein, aber auch nicht das schäbigste, bei dem man als Empfänger schon das erste ungute Gefühl in den Fingern hält. Da es immer noch Menschen gibt, die die Visitenkarten in ein passendes Buch oder ein Rolodex einsortieren, können Sie sich getrost das Geld für die Rückseite sparen und ins Papier investieren. Zudem – ich habe ja nicht das Geringste gegen technischen Fortschritt – scannen viele die Visitenkarten mittlerweile ein. Ach bei dieser Anwendung ist eine Rückseite eher lästig. Und aus eben diesen beiden Gründen macht auch nur das Standardformat Sinn und spart weiteres Geld für ordentliches Papier.

Ich hatte bereits das Thema Kulturen angesprochen. Hier bei uns, aber auch in vielen anderen Ländern, gehört die Visitenkarte einfach dazu. Zudem, und hier kommt doch wieder der Vertriebler in mir hoch, ist die Visitenkarte – zurück im Büro – für mich immer wieder ein dankbares Medium für spätere Kontaktaufnahmen. Auch wenn ich zusätzlich alle Daten in eine Adressdatenbank schreibe, mein Rolodex nutze ich, um hin und wieder ein paar Karten zu sondieren und die ehemaligen Inhaber anzurufen. Bei den Visitenkarten habe ich immer direkt das Gesicht zu dem Namen vor meinem geistigen Auge oder kann mich gut an das Event erinnern, bei welches ich die Visitenkarte erhalten habe. Wenn ich dann aus der Visitenkarte eine Kontaktaufnahme erwäge, wechsle ich natürlich in die EDV, um zu sehen, welche zusätzlichen Informationen ich nicht auf die Visitenkarten schreiben konnte, oder welche Kontaktpunkte es in der Vergangenheit noch gab.

Also: Visitenkarten nicht drucken ist geizig, festzulegen wie viele Tauschsituationen es mindestens beim Event geben muss ist dumm und Visitenkarten einfach zu vergessen, ist verboten!

Interview mit Dr. Stefan Groß-Selbeck
Vorstandsvorsitzender XING AG

Ich bin Netzwerker, weil ...
... es Spaß macht und persönliche Kontakte Türen öffnen.

Ich bin Netzwerker seit ...
... langem – insbesondere seit April 2006 – da habe ich meine XING-Premiummitgliedschaft abgeschlossen.

Im Buchtitel dreht es sich um Irrtümer und Networking. Was ist aus Ihrer Sicht der größte Irrtum im Umgang mit dem Thema Networking?
Dass man für Networking nichts tun muss und sich alles von selber ergibt – erfolgreiches Networking ist keine Einbahnstraße aber auch kein Geben und Nehmen im Sinne eines Basars, sondern der nachhaltige Aufbau und die Pflege von persönlichen Beziehungen, aus denen sich Geschäftliches ergibt.

Warum würden Sie sich selbst als Netzwerker bezeichnen?
Weil es mir Spaß bringt, mich mit anderen Menschen zu verbinden und auszutauschen.

Wann sollte man mit dem Netzwerkaufbau beginnen?
Bevor man es braucht. Viele Menschen machen den Fehler, emsig Kontakte zu knüpfen, wenn sie merken, dass die Auftragslage gerade schlecht ist und sie ganz dringend gegensteuern wollen – so funktioniert aber kein erfolgreiches Networking. Ein guter Startpunkt für Business-Netzwerke ist sicher das Studium, sodass man die Uni-Kontakte später nicht aus dem Auge verliert.

Was ist Ihr Networking-Highlight?
Es gibt einen Bekannten, den ich im Laufe vieler Jahre in völlig unterschiedlichen Zusammenhängen wiedergetroffen habe – das zeigt den Wert von Netzwerken.

ONLINE-Networking versus OFFLINE-Networking, welcher Netzwerktyp sind Sie?

Bei XING habe ich aktuell 728 direkte Kontakte, rund 260.000 Kontakte zweiten Grades. Natürlich kann ich diese vielen Kontaktmöglichkeiten nicht alle Offline pflegen. Von der Plattform aus werden aber viele Tausend Networking-Events initiiert, an denen ich sehr gerne teilnehme und neue Kontakte hinzugewinne. Das ist ein großartiger Kreislauf an Online- und Offline-Networking!

Wie viel Networking braucht der Mensch?

Der Mensch ist ein soziales Wesen und benötigt zwingend zwischenmenschliche Verbindungen. Das gilt umso mehr in der heutigen Zeit, wo immer öfter der Job gewechselt wird und ein hohes Maß an Flexibilität erforderlich ist, um im auch für Individuen immer globaleren Wettbewerb zu bestehen.

77 Irrtümer, und was ist Ihr ultimativer Tipp für erfolgreiches Netzwerken?

Das größte Potenzial sind die Kontakte zweiten Grades, also Menschen, mit denen man einen gemeinsamen Bekannten hat. Hier kann man sich etwa vom gemeinsamen Kontakt vorstellen lassen und hat so gleich ein persönlichen Anknüpfungspunkt.

Kapitel 14
Akquise, Akquise, Akquise

Irrtum Nr. 67:
Networking ist eine Form der Akquise

Schön wäre es ja!

Und leider wird Networking nur zu gerne mit direkter Akquise in Verbindung gebracht. Eine sehr kleine Verbindung zwischen Akquise und Networking gibt es sogar. Sofern Sie diese für sich erkennen, ist Networking in der Tat auch eine Möglichkeit, hier und da Auftraggeber zu gewinnen.

Akquise besteht sicherlich nicht nur aus dem unmittelbaren Kontakt eines Verkäufers mit einem Kunden, aber leider wird seit Jahrzehnten meist nur diese eine Situation trainiert. Die Situation, wenn ein Kunde auf einen Berater trifft, egal ob kalt akquiriert oder aus dem Kundenlager, egal ob aktiv im Vorfeld ein Termin vereinbart wurde oder der Kunde einfach so mal bei dem Berater vorbeischaut und mit einem Abschluss droht, dem Verkäufer sozusagen etwas abkauft.

Verkäufer lernen, Kunden zu Verkaufsgesprächen zu motivieren, sie lernen, die dann anstehenden Gespräche mit harten Verkaufsmethoden, beziehungstechnischem Tiefgang oder herzzerreißender Intelligenz zu führen. Die Methoden, die dem Heer der Verkäufer in den letzten Jahren in Büchern, bei Vorträgen und in Trainings nahegebracht wurden, sind schier unendlich. Die Berater müssen zudem immer mehr verkaufen, als diese eigentlich wollen, das nennt man dann Up-Selling, die besseren Verkäufer verkaufen nebenbei auch noch Produkte zu weiteren Themen, um die es zu Beginn noch gar nicht ging. Das nennt der Fachmann dann Cross-Selling. Ja, auch mit Anglizismen müssen sich diese Berater auskennen. Zudem lernen die Berater noch, den Kunden anschließend zu knebeln, zu binden, nachzufassen und auf keinen Fall locker zu lassen.

Und egal, ob es dabei fair oder unfair zugeht, egal ob der Kunde sowieso kaufen wollte und ein Problem mit dem Kauf gelöst wird oder ob der Kunde nach dem Gespräch Dinge besitzt, die er gar nicht braucht. Bei all den Methoden und Trainings für die Zielgruppe geht es immer um den Kontakt zwischen einem vermeidlichen Verkäufer und einem hoffentlich zukünftigen Kunden. Und das ist auch gut so, wenn ein Berater der einen Bestandskunden zum Kaffee eingeladen hat weiß, was außer dem Einhalten des Versprechens (Sie wissen schon: der Kaffee) noch zu tun ist. Schön, wenn er zunächst eine Basis für das anstehende Beratungsgespräch legt und nicht damit beginnt, dass er den Kunden eingeladen habe, weil dieser auf einer Liste aus der Marketingabteilung zum Thema Altersvorsorge steht (leider kein Märchen, sondern erlebte Realität). Weiterhin gut, wenn der Berater sich auf seinen Kunden einstellt, Fragen stellt und auch zuhört und nicht im Türrahmen schon mit seinen Produkten auf ihn eindrischt.

Doch ich bleibe dabei: Der Kundenkontakt im Rahmen einer Akquisesituation ist kein Networking und bei Networking sollte man sich nicht in einer Akquisesituation wähnen.

Akquise findet als Prozess in verschiedenen Episoden statt, eine Episode ist der Kundenkontakt und dort können Sie als Verkäufer all Ihre erlernten Methoden anwenden. Tun Sie dies, dann haben Sie bei einem Einsatz von 100 % dieser Akquisemethoden auch die Chance auf bis zu 100 % Akquiseerfolg. Wohlbemerkt „bis zu". Den angeblichen Verkäufer, der mir in den letzten Jahren immer wieder angepriesen wurde, der alles verkaufen kann, ja sogar einem Nichtraucher Zigaretten, den gibt es nicht. Aber das Märchen hält sich über Generationen und bevor die Kritiker auf den Plan kommen. Ohne über den Tisch ziehen und ohne einen Verkauf weit unter dem Ladenpreis. Verkaufen. Nicht verschenken!

Was passiert aber nun in all den anderen Episoden? In diesen Episoden wird ein möglicher Akquisekontakt vorbereitet. Da werden Vorträge gehalten, Forenbeiträge geschrieben, Messen besucht und Bücher geschrieben. Ja und natürlich Netzwerk-Events besucht (siehe Grafik). In all diesen verkaufsbegleitenden Episoden müssen Sie die Pole Ihrer Vertriebsbatterie vertauschen. Plus und Minus und umgekehrt. Keine Angst, es gibt keinen Kurzschluss, nur der Elektromotor dreht nun in die andere Richtung.

Der Akquiseprozess

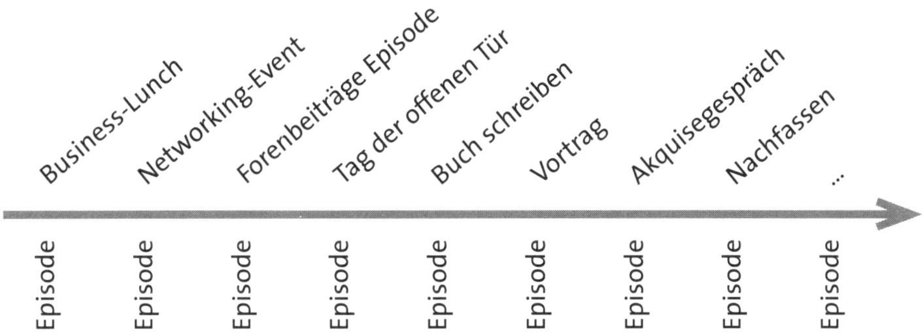

Business-Lunch · Networking-Event · Forenbeiträge Episode · Tag der offenen Tür · Buch schreiben · Vortrag · Akquisegespräch · Nachfassen · ...

Episode Episode Episode Episode Episode Episode Episode Episode Episode

Abbildung 17: Der Akquiseprozess in Episoden

In all diesen Episoden, in denen der Kunde nicht zu einem Beratungsgespräch geladen wurde, gilt folgende Formel:

0 % Akquise ergeben bis zu 100 % Akquiseerfolg.

Und jedes kleine Akquiseprozent, welches Sie in die Phasen außerhalb eines konkreten Verkaufsgesprächs einbauen, entfernt Sie Schritt für Schritt von der echten Akquisechance. Das Dramatische daran: Die Kurve verläuft exponentiell (siehe Grafik auf Seite 192).

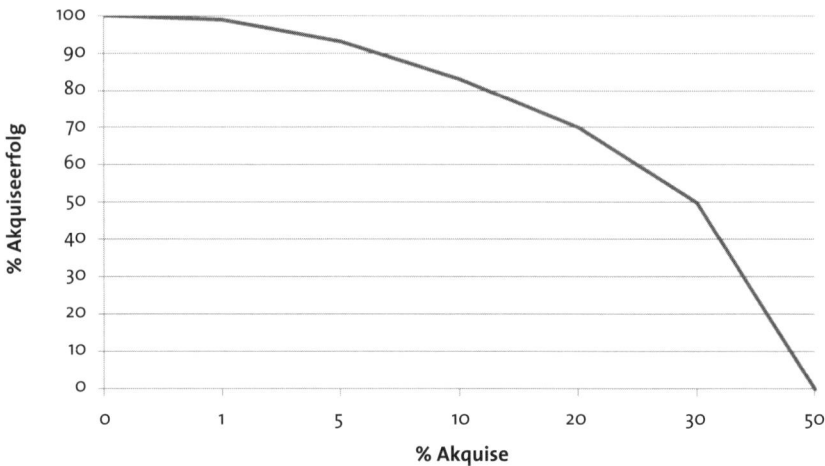

Abbildung 18: So vertun Sie Ihre Akquisechancen beim Networking

So mag es für Ihr Publikum bei einem von Ihnen gehaltenen Vortrag noch nicht störend sein, wenn Sie mal einen kleinen Akquisehinweis auf Ihre Dienstleistungen einbauen. Ein „einprozentiger" Hinweis kostet Sie dann eventuell nur einen einzigen Prozentpunkt auf der nach unten bei null begrenzten Akquiseskala. Ein Prozent Akquise und Sie gelangen wahrscheinlich immer noch zum erhofften Akquiseerfolg oder Reputationszugewinn durch Ihren Vortrag.

Doch Sie kennen auch die Vorträge, in denen es vor Akquisehinweisen nur so wimmelt. Von einem Fachvortrag, der mit Engagement und Herzblut vorgetragen wird, ist schon kurz nach dem Start nichts mehr zu bemerken. Der Autor eines Buches brachte es zu beinahe 20 Verkaufshinweisen in seinem Vortrag, bei dem 20 Exemplare seines Buches bis in die letzte Reihe sichtbar auf dem Tisch vor ihm lagen. Keiner im Raum wäre davon ausgegangen, dass er diese Bücher wieder mit nach Hause nehmen wollte. Das Feedback an sein Auditorium lautete im Grunde: „Euer Intellekt reicht nicht aus, um zu bemerken, dass ich Euch dieses Buch verkaufen will, und daher werde ich Euch in den nächsten 90 Minuten immer und immer wieder eintrichtern, dass ich die Dinger los werden will". Oder muss?

Das Ergebnis: Ein beleidigter Referent und Buchautor, denn er nahm alle 20 Bücher wieder mit nach Hause. Und das, obwohl der Inhalt von Vortrag und Buch gut waren. Sein Publikum war jedoch so genervt und zahlte es ihm mit Nichtkaufen heim.

Nicht, dass Autoren nicht die Chance ergreifen sollten, bei einem Vortrag auch Bücher abzusetzen. Aber auch hier gilt die Regel:

0 % Akquise = die Chance 100 % aller mitgebrachten Bücher zu verkaufen

Es ist nicht schlimm, einen Absatzmarkt, den Sie sich als Referent in 90 Minuten aufbauen, auch gleich zu befriedigen, weil Sie den kaufwilligen Gästen im Anschluss an den Vortrag auch Ihre Bücher zum Kauf anbieten. Wer weiß wie viele der willigen Zuhörer, den Titel des Buches bis zum nächsten Besuch in der Buchhandlung vergessen hätten. Aber die Absatzmethode muss passen. Das Publikum kam mit erster Priorität, um einem Vortrag zu lauschen und nicht, um Bücher zu kaufen!

Irrtum Nr. 68: Akquisebeschleuniger „Networking"

Eher ein Entschleuniger!

Wenn Sie denken, mit ein wenig geschickter Kommunikation und dem Mut, auf andere Menschen zuzugehen, werden Sie es mit den Abschlüssen durch Networking schon richten, liegen Sie falsch, vor allem, wenn Sie auf schnelle Abschlüsse hoffen.

Wenn Sie indes eine Eigenschaft mitbringen müssen, dann Geduld. Networking ist nichts für den schnellen Abschluss. Weder bei einem ersten Kontakt, noch bei langjährigen Kontakten, wenn mal wieder schnell ein Abschluss her muss, um die aktuell schlechten Quartalszahlen etwas aufzuhübschen.

Zwar werden Sie mit den Jahren des Networking auch immer wieder Verkaufserfolge erzielen können, die Sie eindeutig auf Ihre Networking-Aktivitäten beziehen können, jedoch können Sie auch in einem perfekt funktionierenden Netzwerk nie den schnellen Abschluss erzwingen.

Ich habe bereits geschrieben, dass Networking ein permanenter Prozess aus Kontakten und Gesprächen ist. Mit regelmäßigem Einsatz werden sich auch immer wieder geschäftliche Gelegenheiten ergeben. Aber halt nur ergeben.

Networking bedeutet nicht, auf geschäftlichen Erfolg zu verzichten

Wenn Sie über Jahre ein perfektes Netzwerk um sich herum aufbauen, kommen Sie mit der Zeit gar nicht mehr in die Situation, Akquiseengpässe retten zu müssen. Es ist ja nicht so, dass ein Netzwerk für geschäftliche Aktivitäten gar nicht zu gebrauchen ist. Das Gegenteil ist der Fall. Sie können auch auf Ihr Netzwerk zugehen, wenn Sie in Ihrem Ansprechpartner ein Problem gelöst sehen. Ich will auch auf keinen Fall ausschließen, dass dieses Zugehen auch mal mit einer Akquiseanfrage einhergehen kann. Wenn Sie jedoch immer nur mit Akquisebegehren auf Ihr Netzwerk zugehen, dann besteht die Gefahr, dass Sie bald gar kein Netzwerk mehr haben, auf das Sie zugehen können.

Irrtum Nr. 69:
Networking ersetzt die klassische Akquise

Die gute Nachricht für das akquisescheue Volk?

Es wäre eine gute Nachricht, wenn nicht „Irrtum" davor stehen würde.

Die Liste der Menschen, die ich in den letzen Jahren getroffen habe, die Akquise nicht als ihr Ding bezeichnen, ist sehr lang. Aber keine Angst, es gibt diese Liste nicht schriftlich und auch nicht öffentlich.

Für viele Menschen ist der Verkauf etwas Schlimmes, etwas bei dem sie sich anbiedern müssen und leider muss man manchmal auch etwas verkaufen, hinter dem man nicht steht. Schnell wird Vertrieb mit der Drückerkolonne in einen Topf geschmissen, die von Haustür zu Haustür zieht, um beispielsweise Abos zu verkaufen. Es gibt jedoch nur wenige Unternehmen, die ohne Vertrieb eine Überlebenschance haben, denen die Kunden ohne einen eigenen Vertrieb die Bude einrennen und täglich die Lager ausräumen.

Dabei muss man als Verkäufer gar nicht verkaufen. Eine gute Beratung reicht völlig aus. Klar, dass jetzt der eine oder andere Leser aufschreien wird: „Der hat doch keine Ahnung". Am Ende muss doch auch etwas herausspringen. Produktverkauf, Umsatz, Ertrag. Dem widerspreche ich nicht. Und dennoch kenne ich die Kundenanforderung an die Vertriebstrainer dieser Welt, aus den schlechten Beratern endlich gute Verkäufer zu machen. Meine Empfehlung lautete dann mehr als einmal, doch besser aus den schlechten Verkäufern gute Berater zu machen. Berater sein bedeutet keinesfalls in der gleichen Kategorie zu landen wie die Warmduscher oder Frauenversteher.

Wenn ein Berater (aus Sicht der Unternehmensleitung) auf etliche Kunden zugeht, weil diese auf einer von der Geschäftsleitung beauftragten Liste stehen – das nennt man dann Marketingmaßnahme – und eben dieser Berater die Leute auf der Liste anruft und ihnen geschickt oder ungeschickt sagt, er habe da ein Produkt oder eine Dienstleistung, die sie bestimmt gebrauchen können. Natürlich verpackt er das Angebot an den Kunden ein wenig. Sie wissen schon: Mal eben auf eine Tasse Kaffee einzuladen.

Was bitte soll das sein, wenn es nicht Verkaufen ist?

Wenn dieser Berater stattdessen bei eben diesem Kunden hinterfragt, ob er vor bestimmten „Problemen" steht, die er zu lösen hofft, und die Leistungen des Unternehmens genau diese Lösung ermöglichen? Wenn der Kunde dann am Ende der Beratung sagt, dass er genau diese mit dem Berater ausgetüftelte Lösung gerne hätte? Bitte, warum sollte dieser Berater ein schlechter Verkäufer sein? Gesetzt den Fall natürlich, dass er den Kunden jetzt nicht zum Überlegen nochmal nach Hause schickt, denn dieser Kunde hat ja längst gekauft.

Aber egal, wie Sie es nun gerne hätten, eines ist sonnenklar: Sie kommen am Ende um ein Gespräch mit Ihrem Kunden nicht umhin. Egal, ob Sie dies Verkaufs- oder Beratungsgespräch nennen.

Das einzige, was Ihnen Networking nun erleichtert, ist an relevante Kunden heranzukommen. Aber bitte nicht direkt beim ersten zufälligen Kennenlernen. Ich weiß, ich wiederhole mich, aber diesen Teil kann ich nicht oft genug wiederholen, weil ich ihn schon etliche Male mit einem bösen Ende erlebt habe und mir bereits mehr als einmal Produkte auf Networking-Events direkt und unverblümt angeboten wurden.

Networking und die Frage nach einer Empfehlung bei einem Ihrer hoch zufriedenen Kunden sind übrigens die beiden einzigen Wege, elegant und ohne die gerade beschriebene „Anbiederung" an einen neuen Kunden zu gelangen. Die Zahlen über den Aufwand, einen Neukunden zu gewinnen oder einen Bestandskunden zu halten, schwanken je nach Branche zwischen 1:4 und 1:10. Ich wage jedoch die These, dass die Kosten der Neukundengewinnung in jeder Branche deutlich niedriger liegen, wenn Sie auf ein ausgefeiltes Empfehlungsmanagement zurückgreifen können (bitte nicht mit dem einen oder anderen MLM-System verwechseln, bei dem die Kunden beinahe gezwungen werden, eine oder mehr Empfehlungen auszusprechen. Ich meine hier freiwillige Empfehlung aufgrund einer hohen Begeisterung und in der Regel auch ohne einen Provisionsanreiz an den Empfehlungsgeber) oder sich den Instrumenten des Networking zu bedienen.

Ihre Networking-Kontakte bringen Ihnen also oftmals nicht sich selber als Kunden, sondern oft jemanden aus deren Netzwerk. Sie erinnern sich. Hier laufen wieder einmal die Fäden der vorangegangenen Kapitel zusammen:

– Zwei Kontakte miteinander verbinden;
– Die Stärke der schwachen Verbindung.

Am Ende ist der Akquisiteur gefragt

Egal, wie Sie den Termin mit Ihrem neuen Kunden hinbekommen haben. Kalt, warm oder über Ihr Netzwerk. Am Ende ist es eben wieder dieser Termin, den die einen Verkaufsgespräch und die andern Beratungsgespräch nennen. Und in diesen fünf bis fünfzig Minuten (und ich habe auch dramatisch längere Sessions erlebt und bin nicht unbedingt der Ansicht, dass die Abschlusssicherheit mit der Zeit der Gespräche zunimmt, sondern eher abnimmt) haben Sie das Zepter in der Hand aus dem Termin einen akquisitorischen Erfolg zu generieren. Aber um genau dieses Gespräch kommen Sie niemals drum herum. Networking legt Ihnen nicht auch noch die Abschlüsse in den Schoß.

Daher ersetzt Networking nie den guten und zielorientierten Berater. Wenn Sie ein exzellenter Netzwerker sind, aber nun im Gespräch – sozusagen auf den letzten Metern vor dem Ziel – patzen, brauchen Sie ein weiteres Buch und die Buchindustrie wird Sie als Kunden schätzen lernen.

Irrtum Nr. 70:
Ein guter Akquisiteur ist auch ein guter Netzwerker

Irrtum Nr. 71:
Wer erfolgreich Verkaufsgespräche führen kann, dem liegt auch Networking

Der Akquisiteur: die eierlegende Wollmilchsau ...

Wenn jemand endlich zu einem erfolgreichen Akquisiteur geworden ist, dann hat er es wirklich geschafft. Nicht nur, dass er es hin und wieder in die Top Ten der Verkaufsstatistik, sondern ganz oft auch auf die höheren Stufen der Karriereleiter schafft. Nicht selten werden aus guten Verkäufern auch die Führungskräfte für die nachfolgenden Verkäufer und plötzlich wundert man sich, warum es mit der Leistung nicht mehr so läuft wie früher.

Die Fähigkeit für eine neue Aufgabe auf einer höheren Karrierestufe lässt sich selten an der Bewältigung der Aufgabe in der aktuellen Karrierestufe ablesen, wenn das Thema ein ganz anderes ist. Ein guter Verkäufer mag auf Kunden zugehen, diese von seinen Leistungen überzeugen können und auch noch dabei erfolgreich sein. Die Führung von Mitarbeitern verlangt jedoch ganz andere Fähigkeiten. Und so sind schon erfolgreiche Verkäufer in der anschließenden Führungsrolle gescheitert. Die Wissenschaft nennt diesen Tatbestand: Das Peter-Prinzip, benannt nach seinem Erfinder, Laurence J. Peter.

Das Peter-Prinzip

Man wird solange befördert, weil die aktuellen Leistungen über dem Durchschnitt liegen, bis man die erste Stufe seiner Inkompetenz erreicht hat. Dort – dies hat man wissenschaftlich bewiesen – wird man in der Regel aber nicht zurückbefördert, wenn man nun bemerkt, dass der Kandidat für die neue Aufgabe nicht geeignet ist. Das nennt man dann Besitz-standwahrung. Zum Glück gibt es aber die Mitarbeiter in der Stufe unter dem „inkompetenten" Vorgesetzen, die die anstehenden Arbeiten erledigen.

Warum sollte also ein guter Akquisiteur zugleich auch ein guter Netzwerker sein? Oft ist sogar das Gegenteil der Fall, da eben dieser gute Verkäufer wo er auch immer hinkommt die Gesprächspartner als Kunden oder als Kundenmittler sieht. Er führt überall fortwährend Akquisegespräche. Das Gute daran ist der Erfolg, den dieser Berater aus eben diesen von ihm geführten Akquisegesprächen erzielt und dagegen ist ja auch nichts einzuwenden. Er ist eben ein Top-Verkäufer. Die negative Seite, wenn er diese Gespräche in Situationen führt, in denen seine Gesprächspartner nicht „akquiriert" werden wollen: Er nervt, zum Beispiel beim Networking aber auch auf Geburtstagspartys, denn die Menschheit will nicht immer nur kaufen müssen.

Doch es gibt noch eine positive Seite, die man dem Erfolg des Erfolgreichen abgewinnen kann und genau an dieser Stelle liegt der Netzwerker gar nicht weit weg vom Verkäufer: der Mut, auf andere Menschen zuzugehen. Sicherlich kennen Sie Menschen in Ihrem Umfeld, die dies beinahe ungezwungen und mit einer gewissen Leichtigkeit beherrschen. Aber diesen Mut kann man auch lernen. Die Fähigkeit besteht aus Überwindung und einem gewissen Maß an kommunikativer Kompetenz.

Lernen Sie, das Nein zu akzeptieren

Und was kann Ihnen schon Schlimmes bei einer Kontaktaufnahme passieren. Das Schlimmste ist ein *Nein*. Nicht mehr und nicht weniger. Aber dieses *Nein* ist kein Feedback, keine Aussage über Ihre Person, es ist nur ein *Nein*. Wenn Sie Ihr Netzwerk erweitern wollen, dann bleibt Ihnen nichts weiter übrig, als auf die Menschen zuzugehen und das *Nein*, dem Sie hin und wieder begegnen, zu akzeptieren. Es ist doch nur ein *Nein*.

Tipp: Gehen Sie alleine

Wenn Ihnen die Kontaktaufnahme zu fremden Menschen in neuen Umgebungen schwer fällt und Sie das Defizit durch Training minimiere wollen, dann nutzen Sie den folgenden Tipp: Wenn Sie nach einem Networking-Event mit vielen guten Gesprächen zufrieden nach Hause gehen wollen, dann sollten Sie auf keinen Fall mit einem Tross an Gefolgsleuten ein solches Event besuchen – oder mit Freunden und Kollegen, mit denen Sie immer um die Straßen ziehen. Mit annähernd 100 %-iger Wahrscheinlichkeit gehen Sie ohne einen neuen Netzwerkkontakt nach Hause, weil Sie den ganzen Abend in Ihrer Clique gestanden haben. Und wenn doch, dann hat wahrscheinlich einer Ihrer Bekannten den Kontakt aufgetan. Sie wissen schon, der dem es immer so einfach gelingt, mit fremden Menschen ins Gespräch zu kommen.

Gehen Sie alleine und Sie werden nicht lange alleine bleiben. Gehen Sie auf die Anwesenden zu, die auch alleine sind. Vielleicht geht es denen wie Ihnen. Eine dankbare Situation für Sie beide.

Online verabreden, offline treffen. Web 2.0 hilft!

Auch hier kommt übrigens wieder das Web 2.0 mit seinen Möglichkeiten des Social Networking zum Zug. Wenn Sie auf ein von einem Online-Netzwerk organisiertes Event gehen, dann gibt es in der Regel eine Teilnehmerliste im Netz. Ein einfaches aber grandioses Networking-Tool mit enormem Potenzial, vor allem für die Schüchternen. Vielleicht steht auf der Liste einer Ihre virtuellen Kontakte oder jemand, den Sie gerne in Ihrem Netzwerk hätten.

Nichts ist einfacher als das. Verabreden Sie sich online und treffen Sie sich offline. So ist die Kontaktaufnahme nicht live und vielen fällt auf diese Weise der erste Schritt leichter.

Jetzt aber nicht kneifen und dem Event fern bleiben.

Irrtum Nr. 72:
Akquisegesetze gelten auch in Netzwerken

Welche Gesetze?

In den letzten Jahrzehnten wurden etliche Kilometer an schriftlichen Tipps und Tricks rund um das Thema Vertrieb niedergeschrieben. All diese Tipps würden gleich eine ganze Buchreihe liefern. Da sehr viele Power-Akquisiteure gerne Networking und Vertrieb in einen großen Topf schmeißen, sei hier der eine oder andere Tipp in Bezug auf Networking kritisch beleuchtet.

Einer der beiden Hauptunterschiede zwischen Akquise und Networking ist die Frage nach der aktiven Führungsrolle bei den einzelnen Aktivitäten.

Bei einem Verkäufer sollten diese Aktivitäten in jedem Fall in seiner Hand liegen. Wer fragt führt und die Führung des Kunden obliegt dem Verkäufer. Geht es beim Verkaufen eher um ein wenig Druck (im positiven Sinne, bitte nicht mit „über den Tisch ziehen" verwechseln), dann geht es beim Networking eher um Sog. Schon bei Irrtum Nr. 66 habe ich beschrieben, wie zum Beispiel der Tausch von Visitenkarten auf einem gemeinsamen Event von statten gehen kann. Hier nochmal der Unterschied zwischen Akquise und Networking.

In einem Akquisegespräch gehört es zum guten Ton, dass die Gesprächspartner zu Beginn ihre Visitenkarten austauschen. Das entspricht sozusagen dem „Vertriebsknigge". Den Anfang sollte der Berater machen. Er führt, hält die Fäden in der Hand und steuert das Gespräch zu Beginn auf den Austausch der Visitenkarten zu.

In einer Networking-Situation will ich als Netzwerker das gleiche Ergebnis erzielen. Ich will einen Tausch der Karten erreichen. Ich erzeuge jetzt aber eher einen Sogeffekt und möchte, dass mein Gesprächspartner mir den Tausch der Businesskarten anbietet. So vermeide ich, einen allzu akquisitorischen Eindruck zu hinterlassen.

Bei diesem Tipp werde ich oft gefragt, was man denn tun solle wenn das mit dem Sog nicht klappt. Sie kennen das ja. Keine Regel ohne Ausnahme.

Wenn Ihr Gesprächspartner den Tipp also auch kennt und beide Seiten vermeiden, als erster die Karte zu ziehen, dann sollten Sie natürlich nicht schmollend nach Hause laufen und sich daheim beschweren, dass der andere nicht den Anfang gemacht hat und Sie nun leider ohne seine Kontaktdaten dastehen. Natürlich dürfen Sie im Fall der Fälle dann trotzdem den Anfang machen. Doch versuchen Sie wirklich mal es auszureizen. Ich habe es wirklich sehr selten erlebt, dass mein Gegenüber nicht als Erster den Tausch gestartet hat.

Vertrieb ist also eher *Druck* (aber bitte fair bleiben) und Networking eher Sog.

Ein weiteres Thema ist der Folgetermin. Auch hier gibt es einen Unterschied zwischen Networking und Akquise. In einer Verkaufssituation kommt man nicht immer um einen Folgetermin herum, auch wenn die Hardcore-Verkäufer gerne etwas anderes suggerieren wollen. Manchmal will ein Kunde schon aufgrund seiner Persönlichkeit die Entscheidung überdenken. Genau dann ist der Ausspruch „Muss ich mir mal überlegen" kein Vorwand, der zu behandeln ist. Jetzt sollte der gute Berater aber nicht versäumen, einen verbindlichen Folgetermin zu erarbeiten. Anders beim Networking: Dort vereinbare ich nie einen konkreten Termin mit einem Gesprächspartner, den ich gerade erst kennengelernt habe. Erscheint mir ein Termin jedoch sinnvoll, so vertage ich die Terminvereinbarung auf den nächsten oder übernächsten Tag und denke mir einen Aufhänger für eine telefonische Kontaktaufnahme aus.

Wenn Ihr Gesprächspartner Ihnen jedoch einen Folgetermin vorschlägt, sagen Sie natürlich nicht nein und verweisen auf dieses Kapitel: „Aber der Hahn hat geschrieben, keinen Termin bei einem Networking-Event zu machen."

Natürlich gehen Sie auf das Angebot ein und – vorausgesetzt, Sie können den Termin auch direkt planen –, vereinbaren Sie den Termin. Sie sollten jedoch vorher mit Ihrem Gesprächspartner das Ziel des Termins ausloten. Nur, wenn der Termin für beide Seiten Sinn macht, sollte er auch stattfinden. Denn genau um das auszuloten, stehen Sie sich ja gerade gegenüber!

Die Sache mit den Schlüsselkontakten

Ein weiteres Thema im Vertrieb sind die Schlüsselkunden. Ihnen gebührt zweifelsohne ein hoher Grad an Aufmerksamkeit. Doch auch hier hat sich der eine oder andere Akquisiteur schon verrechnet, wenn die Schlüsselkunden mit zweistelligen Prozentanteilen bei Umsatz und Ertrag plötzlich wegfallen und man sich bei den B- und C-Kunden so gar nicht um Nachwuchs gekümmert hat.

Kontakte in einem Netzwerk gehören sicherlich auch auf irgendeine Art und Weise geordnet und sortiert. Und dass man bei hunderten von Kontakten den Überblick verliert, wenn man diese nur nach dem Alphabet sortiert, leuchtet durchaus ein. Ich kenne viele Netzwerker, die Ihre virtuellen wie auch realen Kontakte mit einer Art ABC-Kategorisierung versehen und ihren Kontakten damit eine Art qualitativen Bewertungsstempel aufdrücken. Auch wenn Sie versuchen, diese Art der qualitativen Kategorisierung permanent auf dem aktuellen Stand zu halten, was bei vielen Kontakten zudem mit einem sehr hohen Aufwand verbunden ist, halte ich persönlich wenig davon.

Ein Netzwerk ist dynamisch, der Nutzen eines Kontaktes verändert sich dabei nicht immer nur linear in die positive Richtung. Ein Kontakt kann, weil Sie zum Beispiel die Branche gewechselt haben, für eine gewisse Zeit auch an Wert verlieren. War der neue Job jedoch nur ein Ausflug in eine andere Branche, kann eben dieser Kontakt ganz schnell wieder an Wert gewinnen, wenn er Ihnen helfen kann, zurückzukommen.

Somit ist jeder einzelne Kontakt wertvoll, nur der Zeitpunkt, an dem sich dieser Wert für das Netzwerk auszahlt, ist unbestimmt. Hier macht ein qualitatives Tagging mehr Arbeit, als es Nutzen stiftet. Neben der oben erwähnten permanenten Anpassung übersehen Sie eventuell einen Kontakt, der für Sie derzeit von immenser Bedeutung sein könnte, den Sie jedoch bei der Durchsicht der „A"-Kontakte übersehen, da er nur als „C"-Kontakt eingelistet wurde.

Egal, welche Software Sie nutzen, um Ihre Kontakte zu erfassen; egal, in welchem Social Network Sie Mitglied sind und Kontakte knüpfen. Immer gibt es die Möglichkeit, mehrere dieser sogenannten Tags an Ihre Kontakte zu heften. Statt einer ABC-Kategorisierung, die die Qualität oder eine wie auch immer anders geartete Definition verbirgt, empfehle ich Ihnen, den Kontakten über die Tags mehr sortierbare Informationen zu verleihen.

Tipp: Mögliche Kategorien für Kontakt-Tags

Bisheriger Kontakt: persönlich/telefonisch
So können Sie schnell alle persönlichen Kontakte herausfiltern.

Das Anliegen Ihrer Kontakte:

Welches Anliegen haben Ihre Kontakte?
Welchen Informationsbedarf können Sie erfüllen?
Welchen Dienst können Sie Ihren Kontakten erfüllen?
Bei einer Vielzahl von Kontakten können Sie mit diesen Tags gezielte Aktionen steuern.

Regionen: nach Städten/Ländern

Gut für regionale Infos per Mail und besser, als jedesmal die Orte und Postleitzahlbereiche zu einer Region neu zu aggregieren. Zudem kann es sein, dass Ihre Kontakte gerne auch Infos zu anderen Regionen erhalten wollen.

Zugehörigkeit zu Netzwerken: Alumni/Abschlussjahrgang/Verein/ Familie/etc.

So haben Sie schnell alle Mitschüler aus Ihrem Abschlussjahrgang oder die Ex-Kollegen beisammen.

Themen/Branchen: zum Beispiel Fachabteilungen innerhalb einer Branche

Auf diese Weise kann man schnell Kontakt zu Experten aufnehmen.

Zudem macht es Sinn, sich zu merken, wer – falls geschehen – den Kontakt empfohlen hat.

Alle anderen Tags, die für Sie relevant sind, finden Sie in Ihrem fachlichen Umfeld, in Ihrer Tätigkeit, Ihrem Berufsumfeld, Ihren Hobbys und in vielen anderen Bereichen. Da sind Sie näher dran als ich mir hier die Finger wund schreiben könnte.

Am besten, Sie erstellen erst eine Liste mit einer Kategorisierung in der ersten Ordnung und fügen dann die für Sie relevanten Tags hinzu. Und da Sie keine Datenbank programmieren müssen, ist das Ergebnis niemals endgültig. Sie können Ihre einmal angelegte Struktur jederzeit Ihrem Netzwerk anpassen.

Interview mit Karl Matthäus Schmidt
Vorstandssprecher quirin bank AG

Ich bin Netzwerker, weil ...
... mich auf diese Art viele Standpunkte und Ideen unterschiedlichster Menschen erreichen.

Ich bin Netzwerker seit ...
... meinem Studium.

Im Buchtitel dreht es sich um Irrtümer und Networking. Was ist aus Ihrer Sicht der größte Irrtum im Umgang mit dem Thema Networking?
Zu glauben, dass Networking sofort zum Erfolg führt und dass man erst damit anfängt, wenn man etwas braucht.

Warum würden Sie sich selbst als Netzwerker bezeichnen?
Ich bin Networker, weil ich das Netzwerk bewusst nutze, um Meinungen einzuholen, Ratschläge zu erhalten und berufliche Ziele zu verfolgen.

Wann sollte man mit dem Netzwerkaufbau beginnen?

Der Aufbau eines Netzes sollte möglichst früh erfolgen, denn in der Regel gilt: „Investiere erst und schaffe Dir Freunde mit Informationen, Meinungen und Ratschlägen, bevor Du einen „Return on Investment" im Sinne eigener Vorteile erwartest."

Was ist Ihr Networking-Highlight?

Auf Basis eines studentischen Netzwerks eine Online-Bank gegründet zu haben.

ONLINE-Networking versus OFFLINE-Networking, welcher Netzwerktyp sind Sie?

Ich bin gerne online unterwegs und habe mir hierdurch viele Kontakte geschaffen.

Wie viel Networking braucht der Mensch?

Das kommt ganz darauf an. Ein kleines qualitativ hochwertiges Netzwerk kann sehr effizient sein, wenn die richtigen Leute drin sind. Umgekehrt braucht man große Netzwerke, wenn man aus einer Idee eine Bewegung machen will.

77 Irrtümer, und was ist Ihr ultimativer Tipp für erfolgreiches Netzwerken?

Langfristig denken und nicht sofort auf Erfolge hoffen: Wer im Netzwerk gibt, dem wird aus dem Netzwerk gegeben werden!

Kapitel 15

Hochmut kommt vor dem Fall

Irrtum Nr. 73:
Man sollte beim Netzwerken auf einen hohen
Anteil an Entscheidern achten

Was ist ein Entscheider?

Sind in Ihrem Netzwerk auch Entscheider? Mit eigener Budgetverantwortung?
Kommen denn zu dem Event auch genügend dieser Entscheider?
Wie hoch ist der Anteil an Häuptlingen und Indianern?

Abbildung 19a: Gute Netzwerke bestehen aus Häuptlingen ...

Abbildung 19b: ... und schlechte aus Indianern

Diesen und ähnlichen Fragen sind Betreiber von Netzwerken immer wieder ausgesetzt. Hoffnungslos ausgesetzt? Nicht, wenn Sie ein solcher Betreiber sind und jetzt genau hier weiterlesen.

Solche Fragen kommen oft von potenziellen Sponsoren oder Referenten, die sich für ein Networking-Event engagieren oder von potenziellen Werbekunden für eine Social Community im Netz.

Natürlich ist klar, dass es dem Fragenden mal wieder nur um eines geht: Den schnellen und am besten garantierten Auftrag. Kaum ist der Vortrag beendet, schon bettelt einer dieser lästigen Entscheider, ob der Referent nicht eventuell doch (obwohl er ja im Vortrag gesagt hat, er sei völlig ausgelastet) für einen Beratungsauftrag zur Verfügung steht. Geld spielt keine Rolle. Gerne auch das doppelte Honorar. Und dann klingelt der Wecker des Referenten. Es ist 06:30 Uhr, er wird jäh aus seinem Traum herausgerissen.

Über das Thema Networking und Akquise ist ja bereits genügend geschrieben worden, doch die Gattung der Entscheider will ich Ihnen hier noch ein wenig näher bringen.

Die Entscheider sind die mit den weitreichendsten Befugnissen und den größten und noch kaum verbrauchten Budgettöpfen, mit Prokura oder direkt in der Geschäftsleitung und vor allem mit einem Problem, welches nur sie im Stande sind zu lösen. Genau diese Entscheider finden Sie selten auf Networking-Events. Schuld sind die Teilnehmer dieser Events selber, denn sie haben den Lebensraum für diese Entscheider sukzessive kaputt gemacht. Heute scheut der potente Entscheider diese Events, weil er weiß, dass wieder jeder nur nach seinem Budgettopf lechzt. Seine Visitenkarte auf der sein Gegenüber mit messerscharfem Verstand direkt die Position analysiert, gibt dieser Entscheider nur sehr ungern heraus. Um nicht unhöflich zu sein, flüchtet er sich in Ausreden, wie „aufgebraucht und nachbestellt" oder „vergessen".

Aber – und jetzt kommt doch noch die gute Nachricht – diese Gattung der Entscheider hat sich eine alternative Strategie zurechtgelegt, denn so ganz wollen diese Entscheider nicht auf die Informationen aus den Vorträgen verzichten. Die oben beschriebenen Entscheider haben nämlich nicht nur ein Budget, sie haben auch Mitarbeiter und Delegationskompetenz. Und so wird eben mal der Assistent mit der Recherche nach einem Unternehmensberater beauftragt, die Vorselektion für einen anstehenden Produktkauf ist eine gutes Projekt um den Trainee in der Abteilung zu beschäftigen und dann wird noch die Sekretärin beauftragt, sich mal heute Abend einen Referenten bei einem Networking-Event anzuhören. Vielleicht taugt der Sprecher ja für das nächste Kundenevent.

Auf Networking-Events findet man doch nur Indianer

Im Publikum sitzen gemäß Referentendefinition oft nur Indianer. Keine Budgetverantwortung und noch nicht einmal annähernd mit einer Führungsrolle versehen. Macht da ein Vortrag an diesem Abend überhaupt einen Sinn? Vielleicht sind die Indianer mit einem gewichtigen Auftrag geschickt worden und genau diesen Auftrag wird man nie zu Gesicht bekommen, wenn man die Indianer so behandelt wie Indianer.

Behandeln Sie die Menschen, die Sie auf Networking-Events treffen immer so, als wären es potenzielle Auftraggeber. Halten Sie Vorträge so, als wären alle im Saal mit einem Rucksack voller Geld für neue Aufträge gekommen. Nur so verhindern Sie, dass Sie diesen Menschen versehentlich auf die Füße treten und der Auftrag, der zum Greifen nahe war, nun dahin schmilzt wie Schokoladeneis bei 36 Grad im Schatten. Schade um Eis und Auftrag.

Suchen Sie die Gatekeeper

Diese oben beschriebenen Mitarbeiter in einem Unternehmen nenne ich gerne Gatekeeper, also Personen, die darüber entscheiden, welche Produkte in die engere Auswahl kommen, welcher Dienstleister den offenen Auftrag erhält oder wer zum Entscheider vorgelassen wird. Von diesen Gatekeepern kann eine Menge abhängen. Gatekeeper sind in der Regel keine Führungskräfte. Von einer Führungsposition weit entfernt, an der echten Führungskraft jedoch ganz nah dran. Kein eigenes Budget, aber immer mit dem Schlüssel zum Budget seiner Kollegen unterwegs.

Treffen Sie auf einen solchen Gatekeeper, so wird wieder deutlich, warum es hier keinen Sinn macht zu akquirieren, denn das eigentliche Akquisegespräch wird nie zwischen Ihnen und dem Gatekeeper stattfinden, sondern zwischen Ihnen und dem echten Einkäufer. Der Weg dorthin läuft jedoch über den Gatekeeper.

Und immer daran denken: netzwerken, nicht akquirieren.

Tipp: So netzwerkt man mit Gatekeepern

Wenn Sie sich das Maximalziel, das Sie bei einem Gatekeeper erreichen können, bewusst machen, so wird schnell klar, wie man dieser Zielgruppe begegnen sollte.

Eine Empfehlung:

Mit Gatekeepern betreiben Sie Empfehlungsgeschäfte. Nicht mehr und nicht weniger. Der Gatekeeper selbst kann ja meist nichts bei Ihnen kaufen, aber der Gatekeeper wird Sie weiterempfehlen, denn das ist sein Job. Der normal tickende Mensch empfiehlt eine Dienstleistung dann weiter, wenn er davon überzeugt ist und nicht, wenn er dazu überredet wurde.

Also begeistern Sie die Gatekeeper von sich und Ihren Leistungen. Ein Vortrag mit fachlichem Tiefgang, der mit Herzblut auch noch professionell vorgetragen wird, überzeugt da eher als ein Akquisevortrag mit viel Druck. Ein sozial kompetenter Small Talk bringt Sie bei einem Netzwerk-Event weiter, als ein strukturiertes Akquise-gespräch mit einem Redeanteil jenseits der 90 %. Der Gatekeeper ist ohnehin die falsche Adresse für ein solches Gespräch.

Irrtum Nr. 74:
Qualitativ hochwertige Netzwerke haben viele Mitglieder in Führungspositionen und VIPs

Das kommt auf das Netzwerk an!

Auch diese Aussage gehört zu den eher zu kurz gegriffenen Standpunkten, die mal schnell! daher gesagt sind. Ebenso, wie die Aussage Qualität vor Quantität.

Aus den Jobpositionen der Mitglieder auf die Qualität eines Netzwerkes zurückzuschießen halte ich für sehr gewagt. Die Qualität bestimmt sich eher durch die Aktivitäten der einzelnen Mitglieder innerhalb eines Netzwerkes als durch deren Position oder gesellschaftlichen Status. Zudem gibt es fachbezogene Netzwerke, in denen möglicherweise keine einzige Führungskraft Mitglied ist, aber die Mitglieder untereinander eine Menge zu leisten vermögen und sich bestens einbringen.

Ein eher fachlich orientiertes Netzwerk definiert sich niemals über die Führungskräfte und VIPs, sondern über fachkompetente Mitglieder. Damit soll keinesfalls ausgeschlossen sein, dass diese fachkompetenten Mitglieder in ihrem Unternehmen auch eine Führungsposition inne haben. Des Weiteren definieren sich eine Menge Netzwerke durch die stetige Aktivität der Mitglieder und nicht durch deren Status. Was hilft ein VIP, wenn er oder sie nie anwesend ist oder sich aktiv einbringt.

Natürlich gibt es auch Business-Netzwerke, in die man nur aufgenommen wird, wenn man eine bestimmte Position erklommen hat. Gegen diese Regel ist nichts einzuwenden. Nochmal: Jedes Netzwerk definiert seine eigene Zielgruppe. Aber nur deshalb auf die Qualität zu schließen greift auch hier wieder zu kurz.

Irrtum Nr. 75:
Wichtig sind nur die wichtigen Menschen

Irrtum Nr. 76:
Jeder Kontakt in einem Netzwerk ist ein wichtiger Kontakt

Was denn nun?

Mit beiden Aussagen bin ich in den letzten Jahren mehrfach konfrontiert worden. Jede für sich alleine genommen ist sicherlich zu hart und einseitig formuliert. Zu leicht macht man es sich aber, aus beiden Aussagen die Mitte zu nehmen. Der Mittelwert ist nicht immer die beste Lösung.

Netzwerken hat auch etwas mit Zukunft zu tun

Jeder Kontakt in einem Netzwerk kann ein wichtiger Kontakt sein und noch wesentlicher: kann ein bedeutender Kontakt werden. Geben Sie den Mitgliedern in einem Netzwerk doch zunächst ein paar Vorschusslorbeeren, bevor Sie sich voreilig und mit Vorurteilen von einem Kontakt abwenden. Dass dabei die wichtigen Menschen nicht unbedingt immer die Menschen sind, die einen VIP-Status haben, dem Kreis der Celebrities angehören oder mindestens eine Führungsposition bekleiden, sollte mit meiner Beschreibung über die sogenannten Gatekeeper mittlerweile ausgeräumt sein. Und dennoch will ich hier auch zugeben, dass Sie mit dem einen oder anderen Kontakt auch mal nicht zurechtkommen, nicht auf einer Frequenz funken. Das ist menschlich und zu behaupten, jeder könne mit jedem klarkommen, wenn er nur wollte, geht definitiv an der Realität vorbei. Da wir Menschen jedoch in Schubladen und Vorurteilen denken und Psychologen die Meinung vertreten, dass wir einen fremden Menschen nach nur wenigen Sekunden in eine unserer Schubladen gesteckt haben, besteht sicherlich die Gefahr, einen zukünftig wichtigen Kontakt schnell mal in die falsche Schublade gesteckt zu haben.

Netzwerken muss nicht auf der gleichen Ebene stattfinden

Networking beschränkt sich nicht nur auf den bilateralen Austausch zwischen den einzelnen Mitgliedern eines Netzwerkes. Es geht nicht darum, dass die unmittelbaren Leistungsversender und -empfänger direkt zueinander finden. So spielt die Hierarchie eines Kontakts innerhalb der Firma, für die er arbeitet oder das Budget über welches er herrscht, oft nur eine untergeordnete Rolle. Viel wichtiger ist, dass er Ihnen bei Bedarf den Kontakt genau zu dem Menschen herstellen kann, der für Sie in einer bestimmten Situation wichtig ist. Wenn Sie in einem Ihrer Netzwerke einen guten Kontakt zu einem Unternehmen in die Fachabteilung A haben, nun aber ganz dringend einen Kontakt zur Fachabteilung B brauchen, kann es Ihr Netzwerkkollege möglicherweise einrichten. Daher empfehle ich, jeden Kontakt in einem Netzwerk wichtig zu nehmen. Damit sind jedoch noch nicht alle Kontakte automatisch wichtig. Sie werden aber wichtig, genau in dem Moment, in dem sie Ihnen helfen, Ihr Netzwerk zu erweitern.

Wenn Sie mit dieser Grundeinstellung an ein Netzwerk herangehen, dann können Sie im Grunde über einen einzigen Mitarbeiter in einem Unternehmen jeden anderen erreichen. Im ersten Augenblick mag da die Position eine Rolle spielen, da der Hausmeister – sollte er in Ihrem Netzwerk zugegen sein – Sie wahrscheinlich nicht direkt mit dem Vorstand des Unternehmens verbinden wird, an das Sie herantreten wollen. Aber wer weiß, vielleicht hat genau dieser Hausmeister einen exzellenten Draht zur Vorstandsassistentin. Ich habe hier bewusst ein wenig überzeichnet und doch sind mir in den letzten Jahren genau diese Konstellationen mehrfach über den Weg gelaufen. Und da ich jedem Kontakt mit Wertschätzung begegne, hatte ich auch die Chance, meine Kontakte um Hilfe zu bitten, wenn ich eine Verbindung zu einer dritten Person benötigte. Ich hatte nur einen Kontakt zu einer Fachabteilung, brauchte aber einen Podiumsteilnehmer aus einer anderen Fachabteilung. Ein Anruf genügt.

Entscheidungsträger

Eine meiner an mich gestellten Lieblingsfragen im Gespräch mit Kunden ist die Frage nach den Entscheidungsträgern in meinem Netzwerk. Meine Gegenfrage lautet dann, ob denn Dr. Ackermann, Vorstandssprecher der Deutschen Bank, aus deren Sicht einer dieser gewünschten Entscheidungsträger sei. Da kommt dann meist ein „zum Beispiel" und ich muss meinen Gesprächspartner im Gegenzug enttäuschen. Zu Herrn Dr. Ackermann habe ich bis heute noch keinen persönlichen Kontakt aufbauen können. Nun sollten wir uns jedoch die Frage stellen, ob ein Vorstandssprecher und seine restlichen Vorstandskollegen denn die passenden Entscheidungsträger sind, wenn es um den Absatz von Geldautomaten, Software oder Kommunikationstrainings geht. Sie können meine Antwort erahnen.

Manchmal sind es sogar noch nicht einmal die Bereichs- oder Abteilungsleiter, die die erste Kontaktaufnahme zu einem Anbieter suchen. Wenn ein Unternehmen die Anschaffung eines Produkts oder einer Dienstleistung plant, geben vielmehr genau diese Bereichs- oder Abteilungsleiter den Auftrag zur ersten Sondierung des Marktes an einen Mitarbeiter weiter. Als ich noch als Trainer unterwegs war, waren es oft Mitarbeiter aus dem Personalbereich, die ihre Erstanfragen an mich stellten. Kein eigenes Budget, keine Führungsverantwortung und von der Geschäftsleitung drei Ebenen entfernt. Ein unwichtiger Kontakt? Hätte ich gesagt: „Bitte langweilen Sie mich nicht mit ihrer Anfrage und lassen mich direkt mit dem Geschäftsführer sprechen", wäre ich wohl nicht weit gekommen.

Nehmen Sie jeden Kontakt ernst. Es gibt weder unwichtige Menschen (was für eine Einstellung) noch wertlose Kontakte. Mit dieser Sichtweise hat noch kein Netzwerker Karriere gemacht. Und dennoch werden Sie heute mit dem einen Kontakt etwas intensiver netzwerken und mit dem anderen Kontakt nur hin und wieder zu tun haben. Aber wie sich diese Beziehungen in der Zukunft entwickeln, steht nicht in diesem Buch, sondern morgen früh wieder im Kaffeesatz. Leider habe ich diesen jedoch bisher noch nicht in unsere Sprache übersetzen können.

Interview mit Jochen Ewald
Initiator Franchise Business Club

Ich bin Netzwerker, weil ...

... ich „Synergien" sehe, Menschen aus verschiedensten Branchen und Unternehmen zu vernetzen und diesen einen beidseitigen Mehrwert zu stiften und gegebenenfalls auch selber langfristig davon zu profitieren. Spaß machen tut's auch!

Ich bin Netzwerker seit ...

... ich in der Ausbildung bei BMW war. Damals hieß mein Thema Menschen und Autos zusammen zu bringen, heute bringe ich Menschen mit Menschen und Unternehmen mit Unternehmen aus verschiedensten Branchen zusammen.

Im Buchtitel dreht es sich um Irrtümer und Networking. Was ist aus Ihrer Sicht der größte Irrtum im Umgang mit dem Thema Networking?

1. Dass Networking nur online funktioniert!
2. Qualität vor Quantität, will heißen: Diejenigen, die nur der Anzahl wegen viele Kontakte sammeln, sind beim Networking fehl am Platz.

Warum würden Sie sich selbst als Netzwerker bezeichnen?

„Man muss gönnen können und Zeit mitbringen", lautet meine Devise! Selbst wenn heute mehr Menschen mehr von mir und meinen Kontakten profitieren können als ich selbst, wird sich das langfristig immer auszahlen.

Wann sollte man mit dem Netzwerkaufbau beginnen?

Auf jeden Fall so früh wie möglich! Schule und Verein sind auch heute noch wichtig. Wer heute aber nicht in SchülerVZ und Facebook schon als Schüler nicht drin ist, ist eh nicht „in"! Im Studium sollte Social Networks wie XING, LinkedIn und eine eigene Homepage mit einem gepflegten aktuellen Profil zum Pflichtprogramm gehören.

Was ist Ihr Networking-Highlight?

Geschäftlich: XING mit dem Franchise Business Club. Damit stehe ich heute als Informationsträger in der Franchise Branche und speziell meiner Zielgruppe „Buchhaltung & Steuerberatung" ganz weit vorne.

Privat: Rotary, einer Organisation von Angehörigen aller Berufe, die sich weltweit vereinigt haben = Networking offline.

ONLINE-Networking versus OFFLINE-Networking, welcher Netzwerktyp sind Sie?

Die Mischung macht es! Die Kontaktanbahnung ist online sicherlich deutlich einfacher und schneller. Da Zeit Geld bedeutet bin ich der persönlich, telefonische ONLINE-NET(T)worker.

Wie viel Networking braucht der Mensch?

Wie viel der Mensch braucht, weiß ich nicht. Für mich ist Networking ein Lebenselixier. Nicht umsonst heißt unser Unternehmen NETTwork: ein Wortspiel aus NETT & zusammenarbeiten, welches auch gelebt wird.

77 Irrtümer, und was ist Ihr ultimativer Tipp für erfolgreiches Netzwerken?

Networking ist für mich die Kombination aus Online-Kontakten, einem anschließenden Telefonat und einen „echten", persönlichen Treffen bei dem man sich in die Augen schaut und gerne auch eine Visitenkarte tauscht.

Kapitel 16

Und zu guter Letzt

Irrtum Nr. 77:
Networking rechnet sich nicht

DOCH!

Ich hoffe, die ersten 76 Irrtümer konnten dabei helfen, diesen letzten Irrtum zu entkräften.

Somit hätte ich mein Ziel, Ihnen Networking näherzubringen, erreicht. Und wenn Sie schon nah dran waren, dann haben Sie bestimmt ein paar neue Sichtweisen mitgenommen. Lassen Sie sich auf diese neuen Sichtweisen ein, probieren Sie Neues aus.

Natürlich rechnet sich Networking nicht mit dem spitzen Bleistift oder einer durchstrukturierten Excel-Tabelle aus der finanzmathematischen Controlling-Abteilung. Networking funktioniert nur jenseits von Budgetierung und Controlling. Aber es funktioniert dennoch oder gerade, weil hier nicht nach konkreten Deals gejagt wird. Einer meiner Interviewpartner in diesem Buch, Niels Pfläging, beschäftigt sich seit Jahren mit Unternehmen, die ohne Budgetierung und Kaffeesatzziele auskommen. *Beyond*

Budgeting ist die Bezeichnung dieser interessanten Herangehensweise. Vielleicht funktioniert auch Networking nach den Ideen und Prinzipien des Beyond Budgeting.

Und doch rechnet es sich und bringt einen beinahe unerschöpflichen Mehrwert für die Netzwerker, die das unsichtbare Regelwerk für sich angenommen haben. Darüber hinaus rechnet sich Networking jedoch auch zunehmend auf der harten wirtschaftlichen Ebene. Im Internet wird mit Mitgliedsbeiträgen und Werbung Geld verdient. Netzwerke wie XING schreiben schwarze Zahlen und zeigen, dass Social Communities nicht nur Spielereien für selbstverliebte PHP-Programmierer sind. Auf der anderen Seite müssen Netzwerke wie Twitter oder Facebook erst noch beweisen, wie sie Networking erfolgreich monetarisieren wollen.

Ich bin schon seit meinem Abitur ein echter Netzwerkfan und erlebe beinahe jeden Tag etwas Positives in Bezug auf meine Netzwerkaktivitäten. Wie im Vorwort bereits erwähnt, lade ich Sie nochmals dazu ein, mir und den anderen Lesern auch Ihre Networking-Erlebnisse zu schildern und sich miteinander auszutauschen. Ich bin sicher, es gibt noch ein paar Irrtümer mehr in der Welt des Networking.

Wenn Sie mögen, kontaktieren Sie mich auch gerne in der einen oder anderen Online-Community. Sie finden mich dort sicherlich. Ich freue mich auf Ihre Fragen und Anregungen. Und wer weiß, vielleicht treffen wir uns auch in der realen Netzwerkwelt.

Interview mit Kent Gaertner

Programmleiter FinanzBuch Verlag / Redline Verlag

Ich bin Netzwerker, weil ...
... Einzelkämpfertum von gestern ist.

Ich bin Netzwerker seit ...
... ich in der Finanzbranche bin. Zumindest habe ich damals angefangen, mein Netzwerk aktiv zu erweitern.

Im Buchtitel dreht es sich um Irrtümer und Networking. Was ist aus Ihrer Sicht der größte Irrtum im Umgang mit dem Thema Networking?
Wenn ich ein Netzwerk brauche, dann bastele ich mir eben eins. So denken viele, aber so funktioniert es nicht. Erstens sollte ein Netzwerk aufgebaut werden, bevor man es braucht und zweitens geht das nicht von heute auf morgen. Mein Tipp: Man muss Geduld haben. Netzwerkbeziehungen brauchen viel Zeit, um zu wachsen.

Warum würden Sie sich selbst als Netzwerker bezeichnen?
Weil es in meinen Augen eine Auszeichnung ist, sich mit anderen Menschen auszutauschen und zu versuchen, sich gegenseitig zu helfen.

Wann sollte man mit dem Netzwerkaufbau beginnen?
Man sollte sich überlegen, ob man einem Kind auf dem Spielplatz die Schaufel klaut. Wer weiß, was sich für eine Geschäftsbeziehung in 30 Jahren ergeben könnte.

Was ist Ihr Networking-Highlight?
Wenn man sich gegenseitig Ideen liefern und ganz neue Denkweisen eröffnen kann.

ONLINE-Networking versus OFFLINE-Networking, welcher Netzwerktyp sind Sie?
Ich bin definitiv der Offline-Typ. Es geht nichts über persönliche Kontakte. Aber ich verschließe mich natürlich auch nicht vor den reichhaltigen Online-Angeboten.

Wie viel Networking braucht der Mensch?
Das hängt ganz davon ab, wie wichtig einem der Austausch mit anderen Menschen ist. Welchen Stellenwert man dem Networking einräumt, muss also jeder für sich entscheiden.

77 Irrtümer, und was ist Ihr ultimativer Tipp für erfolgreiches Netzwerken?
Pflegen Sie Ihr Netzwerk, auch wenn Sie es nicht „brauchen".

Glossar

Alumni

Ein Ehemaliger. Das kann ein ehemaliger Student oder ein ehemaliger Mitarbeiter sein. Alumninetzwerke versuchen, den Kontakt zu diesen Ehemaligen aufrecht zu halten.

Bump

Apple-iPhone-App zum Austausch von Kontaktdaten, aber bitte nicht statt Visitenkarten. Im Grunde die iPhone-Software-Version eines Poken (siehe Poken).

e

Die Alternative zu Poken. Als Software im Web und als Applikation für das iPhone und diverse andere Handys können die Nutzer persönliche Daten und die Kontaktdaten aus verschiedenen Social Communities austauschen (www.mynameise.com).

Long Tail

The Long Tail beschreibt die Theorie, dass durch das Internet Anbieter auch bei Nischenprodukten Gewinn machen können. Erstmals beschreibt der US-amerikanische Journalist und Chefredakteur des *Wired Magazine*, Chris Anderson, im Jahr 2004 diesen Effekt anhand der Verkaufszahlen beim Online-Musikdienst Rhapsody.

Multi-Level-Marketing (MLM)

Eine Vertriebsform, bei der Produkte und Dienstleistungen ausschließlich über ein Netzwerk von Verkäufern vertrieben werden. Meist sind die Netzwerke in mehreren Hierarchiestufen aufgebaut und die höhere Stufe verdient an den Provisionen der unteren Stufen mit.

Networking

Das Knüpfen von Kontakten und Beziehungen von Menschen untereinander.

Network-Marketing

siehe Multi-Level-Marketing

Offline

Das Gegenteil von online. Aber hier in diesem Buch und im Zusammenhang mit Networking sind die Netzwerktreffen im realen Leben gemeint und nicht, wenn die Netzwerker gemeinsam vor dem PC sitzen. Diese Networking-Events werden gerne auch Offline-Events genannt.

Old Economy

Die Zeit vor der New Economy, also der Zeit, in der die Globalisierung und die digitale Revolution begonnen hat.

Online

Das Gegenteil von offline.

Poken

Ein RfiD-Chip mit einem USB-Anschluss. Die Hüllen der Pokens sind etwas kindlich angehauchte Figuren und wenn man zwei Pokens miteinander berühren lässt, dann wandern die Kontaktdaten von einem Poken zum anderen und umgekehrt.

Social Community

Alle Formen von Gruppen aus mehreren Menschen. Heute jedoch ist damit eher eine Web-Community, wie StudiVZ oder XING gemeint.

Struktur-Vertrieb

siehe Multi-Level-Marketing

Studium generale

Dahinter steckt die Idee, über das eigentliche Studienfach weiteres Wissen im Sinne einer umfassenden Allgemeinbildung zu erlangen. Heute wird mit dem Begriff aber auch die Einführungs- und Findungsphase an vielen Universitäten bezeichnet.

Content Management System

Ein System, das die gemeinsame Bearbeitung von Inhalten (Texten, Grafiken, etc.) ermöglicht. Im Grunde der Vorläufer der heutigen Communities.

Small Talk

Das lockere Gespräch untereinander, meist ohne eine konkrete Agenda. Gerne auch als belanglose Plauderei bezeichnet, kann der Small Talk durchaus ein wichtiger Einstieg in den Aufbau von Kontakten sein.

Social Software

So wird Software genannt, die der menschlichen Kommunikation und der Zusammenarbeit untereinander dient. Im Grunde sind dies alle Social Communities, aber auch Blogs, RSS-Feeds, Wikis oder Twitter.

Synergie

Die beste Erklärung lieferte Aristoteles mit dem Ausspruch „Das Ganze ist mehr als die Summe seiner Teile". Synergetisch zusammenleben oder -arbeiten bedeutet sich gegenseitig zu fördern.

Visitenkarten

Das altertümliche und analoge Pendant zu „e" und Poken. Visitenkarten sind jedoch im Businessumfeld in den nächsten Jahren nicht wegzudenken.

Web 2.0

Die aktuelle Form des Internets, bei dem der User nicht einfach nur bereitgestellte Inhalte konsumiert, sondern zum Mitmachen animiert wird (daher auch Mitmachweb genannt) und so die Inhalte selber mitgestaltet.

Weblogs

Zu Deutsch auch gerne Webtagebücher genannt. Viele Blogs sind Tage-
bücher mit privatem Inhalt, in welchen die Autoren in chronologischer
Reihenfolge Beiträge veröffentlichen. Zunehmend gibt es auch in Deutschland professionell geführte Blogs mit den vielfältigsten Schwerpunktthe-
men und einer teilweise hoher Leserschaft.

Anhang A

Interessante Online-Netzwerke

An dieser Stelle kann es nur einen klitzekleinen Ausschnitt geben, über das, was das Web an Communities zu bieten hat. Alleine im Bereich Business gibt es über 70 Communities. Zwischen Abgabe dieses Manuskripts und der Veröffentlichung sind jede Woche neue hinzugekommen. Und wer weiß vielleicht ist eines bereits dabei sich auf den Weg zu machen, die großen Netzwerke zu überholen. Das Internet macht es möglich.

Netzwerk	Schwerpunkt
Linkedin.com	Business
Manager-Lounge	Business
XING.de	Business
Trainingclub.de	Special Interest/Trainer
Franchise Business Club	Special Interest/ Franchisenehmer
friendster.com	Privat
hi5.com	Privat
Kwick.de	Privat
Lokalisten.de	Privat
meinVZ.de	Privat
tagged.com	Privat
flixter.com	Movie/Privat
piczo.com	Privat/Teenager
stayfriends.de	Privat/Schulkameraden wiederfinden
wer-kennt-wen.de	Privat

studiZV.de . . . .   Studenten/Privat
facebook.de . . . .   Studenten/Privat

academici.com . . . .   Akademiker/Studenten
myspace.com . . . .   Künstler/Musiker
bebo.com . . . .   Künstler/Privat

sporttreff.biz . . . .   Sport/Business
netzathleten.de. . . . .   Sport
deinfussball.de . . . .   Sport/Fußball
mylaola.de. . . . .   Sport/Fußball
business-golfclub.de. . . . .   Sport/Golf
Golf Network Club.de . . . .   Sport/Golf
mygolf.de . . . .   Sport/Golf
golffriends.de. . . . .   Sport/Golf

Rootgrrls.com. . . . .   Frauen
womens-careers.com . . . .   Frauen
femity.net . . . .   Frauen

blutspender.net . . . .   Blutspender

TOP 25 aus den USA

Top 25 Social Networks Re-Rank
(Ranked by Monthly Visits, Jan '09)   compete.com

Rank	Site	UV	Monthly Visits	Previous Rank
1	facebook.com	68,557,534	1,191,373,339	2
2	myspace.com	58,555,800	810,153,536	1
3	twitter.com	5,979,052	54,218,731	22
4	flixster.com	7,645,423	53,389,974	16
5	linkedin.com	11,274,160	42,744,438	9
6	tagged.com	4,448,915	39,630,927	10
7	classmates.com	17,296,524	35,219,210	3
8	myyearbook.com	3,312,898	33,121,821	4
9	livejournal.com	4,720,720	25,221,354	6
10	imeem.com	9,047,491	22,993,608	13
11	reunion.com	13,704,990	20,278,100	11
12	ning.com	5,673,549	19,511,682	23
13	blackplanet.com	1,530,329	10,173,342	7
14	bebo.com	2,997,929	9,849,137	5
15	hi5.com	2,398,323	9,416,265	8
16	yuku.com	1,317,551	9,358,966	21
17	cafemom.com	1,647,336	8,586,261	19
18	friendster.com	1,588,439	7,279,050	14
19	xanga.com	1,831,376	7,009,577	20
20	360.yahoo.com	1,499,057	5,199,702	12
21	orkut.com	494,464	5,081,235	15
22	urbanchat.com	329,041	2,961,250	24
23	fubar.com	452,090	2,170,315	17
24	asiantown.net	81,245	1,118,245	25
25	fickle.com	96,155	109,492	18

Quelle:
http://blog.compete.com/
2009/02/09/facebook-
myspace-twitter-social-
network/

Abbildung 20: Rangübersicht sozialer Netzwerke

Anhang B

Interessante Offline-Netzwerke

Überregional

- Deutscher Managerverband   *www.managerverband.de*
- Marketing-Club   *www.marketingverband.de*
- Ambassadorclub International   *www.ambassadorclub.org*
- World Trade Centers Association (WTCA)   *world.wtca.org*
- Wirtschaftsjunioren   *www.wjd.de*
- Generation CEO   *www.heinerthorborg.com/generation-ceo.html*
- BVMW – Bundesverband mittelständische Wirtschaft   *www.bvmw.de*
- Business Club innovativ.in   *www.innovativ-in.de*

Regionale Business Clubs

Köln

- Rotonda Business Club   *www.rotonda.de*

Hamburg

- BUSINESS CLUB HAMBURG   *www.bch.de*
- PR Club Hamburg   *www.pr-club-hamburg.de*

– Anglo-German Club   *www.anglo-german-club.de*
– Der Überseeclub   *www.der-uebersee-club.de*

Berlin

– China Club Berlin   *www.china-club-berlin.de*
– Berlin Capital Club   *www.berlincapitalclub.de*

Düsseldorf

– Wirtschaftsclub Düsseldorf   *www.wirtschaftsclub-duesseldorf.de*
– Industrieclub Düsseldorf   *www.industrie-club.de*

Frankfurt

– Airportclub Frankfurt   *www.airportclub.de*

Bremen

– Club zu Bremen   *www.dczb.de*
– Havanna Lounge Bremen   *www.havannalounge.net*

Hannover

– Havana Lounge Business Club   *www.hl-hannover.net*

Anhang C

Traditionelle Service-Clubs

Club	Gründung	Grundsatz	Anzahl an Mitgliedern (ca.)
Rotary	1905	Service Above Self	1.200.000
Kiwanis	1915	Serving The Children Of The World	265.000
Lions	1917	We Serve	1.300.000
Zonta	1919	Advancing The Status Of Women Worldwide	33.000
Soroptimist	1921	Best For Women	90.000
Round Table	1927	Adopt, Adapt And Improve	35.000

Eine interessante Zusammenstellung von Dr. Sebastian Gradinger (auch Buchautor des gleichnamigen Buches *Service Clubs*) mit Informationen zu den oben genannten Service-Clubs finden Sie hier: http://www.service-clubs.com/

Anhang D
Interessante Netzwerktools

Twitter.com

Der Microblogging-Dienst für Ihre täglichen 140-Zeichen-Botschaften. Wird in diversen Übersichten auch als Social Network geführt. Bisher ist Twitter hier in Deutschland eher müde belächelt worden, nach der Wahl des Bundespräsidenten und der Veröffentlichung des Ergebnisses von anwesenden Politikern via Twitter, noch vor der offiziellen Veröffentlichung, ein durchaus ernst zu nehmender Medienkanal. Derzeit wird auch überlegt, inwieweit Twitter das Wahlverhalten der diesjährigen Bundestagswahl beeinflussen kann.

Dopplr.com

Wo sind Sie gerade und wo ist Ihr Netzwerk? Dopplr versucht, die Online-Gemeinde offline zusammenzuführen und hat dafür auch den einen oder anderen Internetpreis erhalten. Gutes Netzwerktool.

Wordpress.de

Eine kostenlose Blogsoftware mit etlichen frei erhältlichen Themes und Plug-ins zur individuellen Anpassung. Zwar ist ein Blog kein Netzwerk, aber über die regelmäßigen Abonnenten haben einige der sogenannten Top-Blogger ein beachtliches Netzwerk um sich herum aufgebaut. Wer regelmäßig interessante Beiträge und Informationen verbreitet, kann so durchaus eine breite Medienwirkung erzielen.

ning.com

Ning ist eine sogenannte Dachplattform für die Gründung von eigenen Sozialen Netzwerken im Internet.

Über den Autor

Die *Wirtschaftswoche* nannte ihn den „deutschen Mr. Netzwerk", im *manager magazin* wurde er „Mr. XING" genannt. Keiner hat im Business-Netzwerk XING mehr Kontakte geknüpft und dennoch bringt ihm die Nr. 1 auf dieser Netzwerkplattform nicht nur Ruhm ein. Manche fragen sich, was die hohe Zahl von Kontakten bringen soll. Antworten liefert dieses Buch und der beinahe gleichnamige Vortrag „Die 99 Irrtümer des Networking", in dem er sein Vertriebs- und Networking-Knowhow der letzten Jahre preisgibt.

Networking und Vertrieb profitieren voneinander, verlangen jedoch nach unterschiedlichen Techniken! Sinnvoll kombiniert ein Erfolgsgarant, wie das rasante Wachstum des von ihm gegründeten BANKINGCLUB, einem Branchen-Netzwerk, zeigt.

Register

Lust auf mehr?

www.ftd.de/bibliothek

Karin Kneissl

Die Energiepoker
Wie Erdöl und Erdgas
die Weltwirtschaft
beeinflussen

ISBN 978-3-89879-448-0
Preis 29,90 Euro (D),
30,80 Euro (A), sFr. 48,90
266 Seiten

Michael Brückner

Megamarkt Luxus
Wie Anleger von der Lust auf
Edles profitieren können

ISBN 978-3-89879-376-6
Preis 34,90 Euro (D),
35,90 Euro (A), sFr. 56,90
212 Seiten

Michael Brückner

**Uhren als
Kapitalanlage**
Status, Luxus,
lukrative Investition

ISBN 978-3-89879-152-6
Preis 34,90 Euro (D),
35,90 Euro (A), sFr. 56,90
294 Seiten

Adrian Gostick/Chester Elton

**Zuckerbrot statt
Peitsche**
Wie man mit einer täglichen
Dosis Anerkennung sein Un-
ternehmen nach vorn bringt

ISBN 978-3-89879-374-2
Preis 34,90 Euro (D),
35,90 Euro (A), sFr. 56,90
234 Seiten

Bernard Baumohl

**Die Geheimnisse
der Wirtschafts-
indikatoren**

ISBN 978-3-89879-261-5
Preis 34,90 Euro (D),
35,90 Euro (A), sFr. 56,90
407 Seiten

Steffen Klusmann (Hrsg.)

**Die 101 Haudegen
der deutschen
Wirtschaft**
Köpfe, Karrieren
und Konzepte

ISBN 978-3-89879-186-1
Preis 29,90 Euro (D),
30,80 Euro (A), sFr. 48,90
471 Seiten

Jeffrey K. Liker
Der Toyota Weg
14 Managementprinzipien
des weltweit erfolgreichsten
Automobilkonzerns

ISBN 978-3-89879-188-5
Preis 34,90 Euro (D),
35,90 Euro (A), sFr. 56,90
432 Seiten

Jeffrey K. Liker/David P. Meier
**Praxisbuch
Der Toyota Weg**
Für jedes Unternehmen

ISBN 978-3-89879-258-5
Preis 34,90 Euro (D),
35,90 Euro (A), sFr. 56,90
601 Seiten

Jeffrey K. Liker/David P. Maier
Toyota Talent
Erfolgsfaktor Mitarbeiter –
wie man das Potenzial
seiner Angestellten entdeckt
und fördert

ISBN 978-3-89879-350-6
Preis 34,90 Euro (D),
35,90 Euro (A), sFr. 56,90
363 Seiten

Rolf Elgeti
**Der kommende Im-
mobilienmarkt in
Deutschland**
Warum kaufen besser
ist als mieten

ISBN 978-3-89879-373-5
Preis 34,90 Euro (D),
35,90 Euro (A), sFr. 56,90
252 Seiten

Daniel Nissanoff
Future Shop
Konsumgesellschaft
im Wandel

ISBN 978-3-89879-259-2
Preis 29,90 Euro (D),
30,80 Euro (A), sFr. 48,90
248 Seiten

Howard Moskowitz/Alex Gofman
Selling Blue Elephants
Wie man Produkte kreiert,
von denen der Konsument
heute noch nicht weiß, dass
er morgen nicht mehr auf sie
verzichten kann

ISBN 978-3-89879-349-0
Preis 34,90 Euro (D),
35,90 Euro (A), sFr. 56,90
272 Seiten